微積分のこころに触れる旅
掛谷の問題に導かれて

En cheminant avec Kakeya
Voyage au cœur des mathématiques

Vincent Borrelli
ヴァンソン・ボレリ
Jean-Luc Rullière
ジャン-リュック・リュリエール
………… 著

Kenji Iohara　*Yuko Iohara*
庵原謙治　庵原優子
………… 訳

Une question anodine?

La dérivation

Le calcul intégral

La formule de Stokes

Les équations différentielles

Le théorème de Besicovitch

La conjecture de Kakeya

Perspectives

日本評論社

EN CHEMINANT AVEC KAKEYA
by Vincent Borrelli and Jean-Luc Rullière
Copyright ©2014 by ENS ÉDITIONS
Japanese translation published by arrangement with Vincent Borrelli and
Jean-Luc Rullière through The English Agency (Japan) Ltd.

謝　辞

　長年の執筆にあたり、私たちを支え励まし力になって下さったすべての方々、サラ (Sarah) とソフィー (Sophie)、ダミアン・ガイェ (Damien Gayet)、レジス・ゴワフォン (Régis Goiffon)、ステファン・ラミー (Stéphane Lamy)、ジャン-フランソワ・カン (Jean-François Quint)、ディディエ・ルリエール (Didier Rullière)、ブルーノ・セヴネック (Bruno Sévenec)、シャロム・エリアウー (Shalom Eliahou)、そして寛容にも《章末の図》の実現に向け全力を尽くしてくれたブルーノ・イヴォネ (Bruno Yvonnet)、に心より感謝いたします。同様に、何度も本書を忍耐強く読み直し、多くのアドバイスを下さったセバスティアン・マロンヌ (Sébastien Maronne) に感謝の意を表します。

日本語訳に対する謝辞

　まず最初に、本書を的確に訳すにあたり、多大なる重要な仕事をしてくれた庵原優子氏と庵原謙治氏に厚く御礼を申し上げます。

　また、附録の「掛谷宗一博士の人物像」は多くの人からの協力を得て初めて書けたものです。特に (以下、敬称略)——新井仁之、庵原優子、池谷洋子、大賀雅美、大野泰生、掛谷幸雄、高橋早苗、内藤了瑞、樋口知之、村上正高、守重友理枝、渡邉百合子——の諸氏には、この場を借りて心から御礼を申し上げます。

原著の序文

　本書は、20世紀の初め頃に数学者掛谷宗一(かけやそういち)により提唱された、一見他愛もないように思えるが、実は想像もつかない深みのあるものに基づく問題から始まる数学の冒険の物語である。問題が提起されてから1世紀におよび、数学が発展してもなお、掛谷の問題はいまだに解決されておらず、しかも世界の大数学者の興味を惹き続けている。ここでは、時代と共に与えられてきたこの問題の様々な解を紹介する。各々の解は、歴史的な見地からその目覚ましい応用と共に、新しい数学の概念を発見する機会を与えてくれる。本書の最後では、この問題に関する最新の研究結果について、掛谷の問題と数論の驚くべき関係を紹介する。

　本書では、微分学の大まかな考え方を知りたい、数学に興味を持っている高校生のみならず、好奇心旺盛な大人であって再び学びたいと思っている人に(とって比較的簡単に)読んでもらえるように書くことに努めた。更に言えば、この本は数学を別の視点で理解してみたい好奇心旺盛な人を対象としている。私たちは、ここで使われる新しい概念で読者を撃沈させることなく、より深く理解する可能性を与えたいとかねてから望んでいた。もちろん、数学的な概念を表現する式は本文中に与え、よりテクニカルな部分はコラムとして取り扱っている。読者は、この本で紹介されている考え方を通して、高校時代に学んだ内容との関係を見出すことになるであろう。

原著者から日本の読者に向けて

　本書は、17世紀の偉大なる発見である微分学に触れるための本を書きたいという2人の著者の願いにより始まったものである。準備の間、そして数十ページ書き進んだ後に私たちは掛谷予想と巡り合ったのである。掛谷予想には、私たちが説明したい素晴らしい考え方の多くについて応用例があるため、自分たちの目的にピッタリと合っていたのである。この本を書くにあたりその道筋をつけてくれたものであり、以来私たちは《En cheminant avec Kakeya》(掛谷と共に歩む道) と名付けた。

　本書の執筆には10年余りを要した。この予想の単純に見える印象とは裏腹に、その重要性や与える影響の大きさを目の当たりにし、驚きの連続であった。私たちはまた、ジャン・ブルガン (Jean Bourgain)、ティモシー・ガワーズ (Timothy Gowers) そして、テレンス・タオ (Terence Tao) のような著名な数学者による最新の成果についても解説することにした。

　本書は書籍化される前から、高等師範学校 (École Normale Supérieure) のサイトで電子媒体で無料で読めるようになっており、これは今現在も続いている。その後、2015年に《Prix Tangente du Livre》というフランスにおいて大変名誉な賞を受賞することができた。

　この受賞の数年後、庵原優子氏と謙治氏に日本語訳の依頼をし「大変名誉なことである」と直ぐに承諾してくれた。日本語版では、庵原氏が (これまであまり知られていなかった) 掛谷宗一に関する詳細な調査をしてくれ、私たちの本に新たな生命を与えてくれた。この数学者の偉大さに、多大なる驚きと賞賛を抱いた。私たちはまた、彼の業績の一部が悲劇的な出来事により喪失を余儀なくされたということも記しておきたい。10年に亘る執筆において、私たちは大きな感動と共に掛谷宗一を知ることになった。それについては、庵原謙治氏と共に執筆した、附録「掛谷宗一博士の人物像」をぜひ読んでいただきたい。

目 次

謝辞	i
日本語訳に対する謝辞	i
原著の序文	ii
原著者から日本の読者に向けて	iii

他愛もない問題？ — 1
    掛谷の問題 2
    大発明 9

微分 — 13
    微分って何？ 15
    デカルトの発見 23
    掛谷の問題から一歩進んで 27
    アルキメデスの定理 30

積分 — 39
    アルキメデスの分割 42
    積分って何？ 45
    掛谷の問題からまた一歩進んで 49
    ペンキ塗りのパラドックス 51

ストークスの公式 — 60
    測量技師による方法 62
    ストークスの発見 64

掛谷の問題から更に一歩進んで	69
しゃぼん玉	72

微分方程式 　　　　　　　　　　　　　　　　80
　　三芒形 (デルトイド) 　　　　　　　　　　　82
　　包絡線 　　　　　　　　　　　　　　　　　84
　　掛谷の問題から (更にまた) 一歩進んで 　　88
　　ビリヤード 　　　　　　　　　　　　　　　93

ベシコヴィッチの定理 　　　　　　　　　　103
　　平行な位置に置かれた針に対する掛谷の問題 　105
　　ベシコヴィッチによる構成 　　　　　　　107
　　星状領域の謎 　　　　　　　　　　　　　113

掛谷予想 　　　　　　　　　　　　　　　　117
　　面積が 0 というオブジェの世界 　　　　　119
　　掛谷の問題からこぼれ落ちた種 　　　　　125
　　予想 　　　　　　　　　　　　　　　　　129

展望 　　　　　　　　　　　　　　　　　　133
　　掛谷から素数まで 　　　　　　　　　　　134
　　ブルガンによるアプローチ 　　　　　　　143

附録：掛谷宗一博士の人物像 　　　　　　　153
　　掛谷の数学 　　　　　　　　　　　　　　154
　　2 つのエピソード 　　　　　　　　　　　160

訳者あとがき 　　　　　　　　　　　　　　163

参考文献 　　　　　　　　　　　　　　　　164

人名索引 　　　　　　　　　　　　　　　　168

Une question anodine ?
他愛もない問題？

　数学は、人間の思考を活発化させるものの1つであり、私たちが住んでいるこの世界を知り、そして理解するために生まれたものである。数学は、機智に溢(あふ)れた手法により、常に私たちの知っている世界の限界を、より拡げていくことを可能にし、微妙な実態を抽象化することを要求しながら、主な要因を見出す1つの道筋を提案する。文明の夜明け前の人類最初の数学的な活動は、ここ数世紀のうちに大幅に拡大した。複数の問題が日常的に提起されており、その中にはいまだ知られていない分野の発展を必要とする非常に難しいものも存在する。

　たとえば、歴史的な円積問題について考えてみよう。この問題は、与えられた円に対し、コンパスと定規[1]のみを用いて、同じ面積を持つ正方形を作図できるか、というものである。紀元前1650年のリンド数学パピルスの中に述べられており、解決までにとても長い間非常に多くの数学者達の努力を必要とした。円積問題は19世紀末になりようやく解決されたものの、それはなんと作図不可能だという結果であった。この結果に至るには、数学者はπという数の本質を深く理解しなければならなかった。また、このように数学的な疑問を解決するには、しばしばその提唱された問題を深く理解することが求められる。一度その問題が解かれたら、その解は**証明**という形をとる、すなわち、論理の道筋、つまり正しいとされることから出発して期待された結論に至るいくつかの演繹(えんえき)(論理的推論)からなる議論を展開することになる。その結果、証明を与えたということは、得られた結果が数学的事実として認められるだけでなく、問題の出発点を超える新しい観点や理解を得ることがしばしばある。

　一般的に、問題が提起された場合、解決への道筋を見出すことは難しく、頭を抱えたくなる。このことは、とても古い多くの問題がなぜ未解決のままになっているかということを端的に表している。そのような問題に直面すると、

---

[1]訳注：目盛りのないものを考える。

数学者はしばしば特殊な場合を考えたり、それに付随する、より簡単に解けそうな問題に手をつけようとする。もとの問題から少し離れたように見える特殊な場合でも、歴史が語るように、より一般の場合を解決する決定的なものを与えてくれることがしばしば起こる。この特殊から一般への移行（パッサージュ）は数学に限らずあらゆる分野で出会うものである。たとえば、りんごの実が木から落ちるのを見て、触発されたアイザック・ニュートン (Isaac Newton) が万有引力の大原理を発見したことは、この移行の持つ力を明らかに示すものである。また、このことをより証明する事実として、ガラパゴス諸島に生息するフィンチ類の一種である鳥の観察は、ダーウィン (Charles Darwin) が進化論の構想を練るのに重要な役割を果たした。

　それが基礎的であろうとなかろうと、研究者がある問題に直面すると、次の 2 つの状況のいずれかに身を置くことになる：その解に、証明はできなくても確固たる信念を持つか、あるいは、全くわからないかである。もちろん、前者の場合、言い換えれば、その証明を与えるのに十分役立つだけの根拠のあるはっきりしたアイディアがあれば、その解を見つけることは大いに易しくなる。この問題と解との間にあるアイディアは**予想**と呼ばれ、これはあるべき解の姿であったり、証明中の最終的な結果 (となるべきもの) であったり、あるいは証明中のものであったりする。この証明にかかる期間はとても長く、場合によっては数世紀かかることもあり、今日においてもいまだに解のわからないものが数多く存在する。その中に、本書のテーマである**掛谷の予想**がある。本書では、私たちはこの予想に導かれながら、数学のこころに触れる旅をする。

❖掛谷の問題

　「掛谷の予想」の物語は、一見あまりにも単純に思える問題で始まっており、簡単に解決できそうに見えた。しかし、そこにはとんでもない落とし穴が隠されていた。自明からはほど遠いこの問題は、実際にはとても豊かで深く、自然な流れに従えば、それは最も現代的な数学の核心にせまるものである。この《あまりにも単純な》問題は、20 世紀初め頃の日本人数学者である掛谷宗一（かけやそういち）に

よって、最初に提唱された問題である[2]。

> 1本の針を平面上、完全に1回転させることのできる図形の中で、その面積が最小となるものは何か？

それはあたかも掛谷が、机の上に置かれた1本の針を思い描きながら、問いかけているような問題である。より具体的に、平面上に無限に存在する図形を考えてみよう。その内部で1本の針を滑らせながら回転させ、針が置かれていたもとの位置に戻すことができ、しかもその面積が最小となるような図形をどのようにしたら描くことができるか？ ということである。まず最初に思い浮かぶのは、円盤の形であって針がちょうど直径と同じ長さであり、単純に針を半回転させて針の上下を逆さまにするというものであろう。

驚くかもしれないが、このエレガントで単純な答えは、実は掛谷の疑問には答えていない。なんと、より小さい面積を持つ図形の中で、針を1回転させる方法が存在するのである！ たとえば、針の中点を中心として回転させる代わりに、端点を中心として何度か回転させることも考えられるのだ。次の図はそのことを示すもので、ルーローの三角形[3]と呼ばれている。

---

[2] 訳注：S. Kakeya, *Some problems on maxima and minima regarding ovals*, The Sci. Rep. of Tohoku Imperial Univ., Ser. 1, Math. Phys. Chemistry, **6** (1917), 71–88.
[3] 訳注：ドイツの機械工学者フランツ・ルーロー (Franz Reuleaux) が考案した図形。

この面積を厳密に計算すると、円盤の面積よりもこの図形の面積の方が小さいことがわかる (以下のコラム「ルーローの三角形と正三角形」の項目を参考にしていただきたい)。このように、自然に考えつく円盤という形は、掛谷の問題の答えになっていない。

ルーローの三角形と正三角形

　面積の計算方法から、円盤の面積よりルーローの三角形の面積の方がより小さいことが簡単に示される。もちろん、このような計算は、円盤の中の針の長さとルーローの三角形の中の針の長さは同じでなければ意味を持たない。そこで、計算を簡単にするために、針の長さが 1 であるとする。(この意味は、具体的に何かの長さの単位を固定しているわけではなく、1 メートルでも、1 フィートでも、1 インチでも 1 マイルでも何でもよい。) この円盤の直径の長さは針の長さと同じなので、その半径は $\frac{1}{2}$ となり、(円の面積は $\pi \times (半径)^2$ で与えられるので) その面積は

$$\pi \left(\frac{1}{2}\right)^2 = \frac{\pi}{4} = 0.78539\cdots$$

となっている。ルーローの三角形の面積を求めることはより厄介なように思えるかもしれないが、この形を、面積の計算しやすい、より基本的な図形に簡単に分解することができる。

　ここで、この分解には面積が $\frac{\pi}{2}$ の半円と 1 辺の長さが 1 の 2 つの正三角形でその面積が $\frac{\sqrt{3}}{4}$ となるものが現れる。したがって、ルーローの三角形の面積は

$$\frac{\pi - \sqrt{3}}{2} = 0.70477\cdots$$

となる。この面積は、確かに円盤の面積よりも小さい。

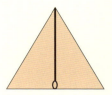

ところで、上の正三角形の面積は、その高さの 2 乗を $\sqrt{3}$ で割ったものに等しく、その値は

$$\frac{1^2}{\sqrt{3}} = 0.57735\cdots$$

となり、0.70477 よりも断然小さい。

ルーローの三角形は、最小面積となるものではなく、ルーローの三角形より小さい面積を持つ正三角形の中で、針を 1 回転させることができる。次の図は、そのような三角形の内部での針の動きを示している。

　この三角形そのものが、掛谷の問題の答えになってるのだろうか？　その問題の答えになりそうな形を見つけたと思っても、ひょっとしたら他により小さな面積を持つ図形の候補が見つかるのでは、という不安にかられ、答えがこれだという確信を持つのは難しい。掛谷自身もその当時、このような困難に直面したようだが克服できず、ついには、数学者全体に向けて、この問題を提唱することを決心したのである。余談だが、このように科学者が自らの結果を紹介したり、未解決の問題を学界に提示するという行為は、実に自然なことである。科学雑誌を通して行われるこのような学者間の意見交換 (交流) は、とり

わけ活発である。今現在、数学だけをとっても、おびただしい数の結果と問題が毎年このような形で出版されている。このような類の問題の運命は、種々多様である。ほとんどのものは、すぐに解かれるか忘れられるかである。その残りのもののうち、忘れられなかったものは、非常に限られた専門家の中にしばらく留まり、そして、ついにはそのごく少数の問題が多くの数学者達の注目を集め、もとの問題は《大問題》というステイタスを得るのである。この大問題の中には有名になるものもあり、読者も聞いたことがあるかもしれないが、たとえば、フェルマーの問題や四色問題がそうである。

このような大問題は、問題そのものに対する興味はさることながら、研究者業界にとってまるで道標のような役割を果たす。それは、基礎的であり難しいとみなされているものが何であるかをはっきりと表明し、大凡の範囲を設けるものである。

ところで常に、数学者達は定期的に集まり、新しい問題を提起しあっている。最も有名なものとしては、1900 年にパリ (Paris) で開催された会議において、ダヴィド・ヒルベルト (David Hilbert) が掲げた 23 の《大問題》からなるリストである。彼は、アンリ・ポアンカレ (Henri Poincaré) と並び、間違いなく当時最大の数学者であり、このリストは 20 世紀のすべての数学に多大なる影響を与えた。この 23 問題のうち、5 つは未解決であり、この 21 世紀初頭において、常に研究対象となっているものである。2000 年代に突入したという記念に、パリで開かれた特別な会議で、新たにいくつかの問題のリストが提起された。しかし、時代が変われば価値観 (習慣) も変わる[4]とはよく言ったもので、これらの各々の問題を解決した者に対し、アメリカにあるクレイ数学研究所 (Clay Mathematical Institute) の基金から 100 万ドルの賞金が授与されることになった。

これらの大問題には、多大な困難が包み隠されており、初期の段階においては、ほとんどの場合、数学者をその問題の解決に導く糸口が微塵たりとも存在しない、ということがわかってくる。さて、多少の差こそあれ、掛谷の問題で出会う困難さも同じタイプのものである。見渡せば、その広大な平原に拡が

---

[4])訳注：フランス語の諺《autre temps autre mœurs》の直訳。

る、可能な図形は無限にあるように思え、そしてしかも、私たちに辿るべき道を示してくれるものは何もないのだ。このような状況の下で、数学者はまず、可能な解のありそうな広範な区域に目星をつけ、最初の全景を得て、結論により近付くように試みるために、多くの図形について調べるのである。この (図形の) 選択の際に、数学者はしばしば最も美しい性質を持ったものを優先する。つまり、最も対称性の高い図形や、その図形の構成が置かれた問題とより調和しそうなものに対し、敏感に反応して思考するようになる。しかし、それ以外の直接関係ないように思える図形がその問題の解を与えるということもあり得ないわけではない。一度、そのような形が見つかったら、それは自分にとっての 1 番の候補となり、確信を持って問題の解答を与えるという証明に取りかかるのである。実は、掛谷にはそのような候補のアイディアがあったらしい。それは、数学で古くから知られている曲線で、曲がった三角形の形をしており、ギリシャ文字のデルタ (Δ) に似ていることからデルトイド (deltoid)[5] と呼ばれているものである。

　ルーローの三角形とは異なり、このデルトイドの辺は円弧の形ではなく、円の動きから得られるより複雑な曲線をなしている。正確に言うと、この曲線は、ある円を、その半径が 1.5 倍の半径を持つ円の内部で円周に沿って回転させた時、小さい方の円の円周上にある 1 つの点の描く軌跡として現れる。3 対 2 という直径の比により、このようにして得られる曲線が 3 つの尖端を持つことになる。

---

　[5]訳注：日本語では「三芒形」と呼ばれることもある。

このデルトイドの境界を表す複雑な曲線には、1 つの大きな問題がある。デルトイドの面積を計算する際に、たとえば三角形や円盤の場合のような、面積を計算する基礎的な公式では、求めることができないのである。そして、もしデルトイドの面積を知らないならば、他の形の面積と比較することは難しくなり、最終的に、それが掛谷の問題の解であるということを示すことが難しくなる。もちろん、この問題はデルトイドで留まるものではない。針の回転を可能とする他のすべての図形において、その辺が直線や円弧である理由は全くなく、したがって、その囲まれる部分の面積を求める作業は実に困難を極めるであろう。もっと言うと、ここで私たちが直面するのは、曲線を理解するという問題である。というのは、図形の形はその境界を示す曲線によって定まるため、この曲線についての深い知識は、面積を求める問題に答えるだけでなく、その他のあらゆる幾何学的な疑問にも十分に答えられるはずだからである。比較的最近まで、曲線に対するこの深い知識は、私たちの手の届かないところにあった。17 世紀初め頃、ルネ・デカルト (René Descartes) やピエール・ド・フェルマー (Pierre de Fermat) あるいはブレーズ・パスカル (Blaise Pascal) といった偉大な数学者達は、この種の曲線の囲む図形の面積を求める問題を巡って、日々激しい議論を繰り広げていた。その当時の問題の 1 つは、まさにサイクロイド (cycloid) と呼ばれる、デルトイドと同様の種類の曲線で囲まれる部分の面積を求めることであった。

  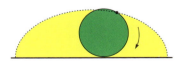

　この図では、小さな円をより大きな円の円周に沿って回転させる代わりに、単に直線の上を移動させている。デルトイドのように、この動きによってでき

る (小円上の点の描く) 軌跡は、直線でも円でもないが、"由緒正しい" 曲線であり、その囲まれる部分の面積を求めることは、実に難しい本質的な問題となる。甚大な努力と英知の結集により、ついに数学者ロベールヴァル (Gilles Personne de Roberval) によって、1634 年に計算がなされた。しかしながら、これらの曲線に対する真の理解に必要な、根幹となる統一概念を得ることはできなかった。この統一概念こそが、私たちがこの本のページをめくるごとに徐々に発見できる、掛谷の問題の周辺を巡る道に見出されるものである[6]。

❖ 大発明

　17 世紀末になって、偉大な発明が産声を上げた——かの有名な**微分学**という分野が、当時、最も偉大な 2 人の学者アイザック・ニュートンとゴットフリート・ライプニッツ (Gottfried Leibniz) によって独立に発見されたのである。この微分学、あるいは**無限小の解析学** (当時はこのように呼ばれていた) は、曲線に対する理解を切り拓くだけでなく、より具体的に、地球や宇宙で起こっている物体の動きに対する理解をも切り拓き、深めていった。言い換えれば、面積の計算を可能にしたのと同時に、天文学者の関心事である天体軌道を知ることも可能にしている。更に言うと、微分学は普遍(ふへん)的な言語であり、自然の法則、たとえば最も知られている例では、ニュートンによる万有引力の法則がこの言語を用いて書かれている。この発明により、私たちは自然現象を真に理解し始めたのである。

　この発明がもたらした当時の研究者の世界での熱狂的なブームは、現代からみると、想像し難いものがある。当時活躍していた科学者、フォントゥネル (Bernard le Bouyer de Fontenelle) やビュッフォン (Georges-Louis Leclerc de Buffon) とは毛色の異なる人々も、この発明に熱中したのである。たとえば、ヴォルテール (Voltaire) の愛人であったシャトゥレ (Émilie du Châtelet) 侯爵夫人は、ニュートンによる先駆的な作品である『プリンキピア (Principia)』の信じられないほど素晴らしいフランス語訳を出版している。有名な航海士で

---

　6)訳注：タゴール詩集『果物藍／果実あつめ (Fruit-Gathering)』の 1 編 "道ができている場所では" を想起させる。

あるブーガンヴィル (Louis-Antoine de Bougainville) もまた、この発明に関する注目に値する著作によって、26 歳の時ロンドン (London) 王立協会会員に選出されている。すべての人がこの発明の偉大さを称賛している——ビュッフォンは《高尚な方法》と表現し、ヴォルテールは《崇高なる真実》と、そしてロピタル (Guillaume de l'Hospital) 侯爵は 1696 年に微分計算に関する作品をフランス語で初めて書いたが、その序文の中で《この計算の美しさ》について、また《以前は、誰も立ち向かおうとしなかったような困難》を乗り越えた、と評している。要するに、これらすべての新しいアイディアがまさに引き起こそうとしている科学革命について、彼らは十分認識しているということである。

マリア・アニェージによる注目すべき専門書

微分学を一般に普及させた最初の著作は、ロピタル侯爵によって書かれたものである。それは、当時学者の間で用いられていたフランス語で書かれており、《Analyse des infiniments petits pour l'intelligence des lignes courbes》(曲線という名の英知を理解するための無限小解析) という非常に雄弁な表題が付けられていた。この表題は言うまでもなく、曲線に対する理解に結びついている。これは、運動や関連するあらゆる自然現象に対する理解を可能にするであろうと言われた。この本は大変な名声を得、その続編は高名な探検家・航海士であったブーガンヴィルによって書かれているほどである。

もう 1 つの著作、マリア・アニェージ (Maria Agnesi) による《Instituzioni analitiche ad uso della gioventu italiana》(イタリアの若者のための解析入門) も同じく多大な成功を収めることになる。この本は、ロピタル侯爵の本よりもずっと後になって書かれたものであるが、ライプニッツやニュートンの考え方の総括を行った初めての著作である。それは素晴らしくよく書けており、ローマ法王のブノア 14 世 (Benoît XIV) が公的にアニェージを祝福し、冠と金メダルを与え、ボローニャ大学の教授 (女性として唯一の存在) のポストを用意したほどであった。実を言うと、この本は当初、彼女が日頃から世話をしていた 20 人の弟妹を教育するために書かれたのであった。マリア・アニェージは実際、並外れた知性、エネルギーの持ち主であり、かつ極めて献身的であった。彼女の名声はヨーロッパ全域に拡がり、世界中の学者たちが、彼女と哲学、自然科学、文学および数学に関して議論を交わすべく、こぞって《アニェージ嬢》の家に向った。本当に卓越した人物

であり、その上、何という知識の広さ、そして完璧な雄弁だろう！と誰もが称賛した。彼女は 5 歳の時には既に、フランス語を完璧に話していたことを含め、7 つの言語を完全に習得していた。20 歳の時、彼女は哲学と自然科学に関する概要を出版し、30 歳の時、有名な微分学の著書を執筆している。この時に、フォントゥネルは、「もし科学アカデミーが女性会員を認めていたら、マリア・アニェージは科学アカデミーの会員となっていた」と言い切った。その絶大なる名声にもかかわらず、彼女は数年後に聖職に就くため、科学の世界から身を退いた。彼女は晩年、自分の全財産を寄付した後に、病人や貧しい人たちを助け、天命を全うした。

ロピタル侯爵とマリア・アニェージの著作は、共に微分学講義に関する最初の著作とみなされている。もちろん、その後多くの人たちがそれを引き継ぎ、微分計算はますます広くすべての科学の領域に寄与している。今日、この微分計算は広く教えられており、高校の時点で既に、私たちは函数の微分という最も基本的な操作を学ぶのである。

300 年以上経った今日、この初期の熱狂がどれだけのものであったかは想像に難くない。微分計算は、天文学から生命科学までのありとあらゆる科学の分野・領域に浸透しているのみならず、無意識のうちに私たちの日常生活の中にまでも入り込んでいるのである。たとえば、何気ない列車での旅でさえも、思いがけない微分計算の具体化に気付く機会になり得るのだ。これは、レールの形状、とりわけカーブの形成に関して考慮しなければならない微妙な制約条件が、線路のルートの設計に関わってくるのである。実際に、レールの方向を変えるためには、直線の先に円弧をつなぐだけでよいと思うかもしれない。しかし、この解決方法は自然ではあっても、ほぼ確実に電車は脱線するのである。円弧と直線をつなぐ部分には、たとえできる限り滑らかにつないだとしても、実際には目に見えない隔絶があるのだ。微分計算のみが、この隔絶の存在を明らかにし、円 (弧) とは異なる別の曲線を用いて、直線と完璧に滑らかにつなぐことを可能にしてくれるのである。逆に、円弧からつながる直線とは異なり、この新しい曲線——いわゆる**二階微分可能**——は、非常に滑らかな[7] 曲線を電車の軌道に見出し、旅人に快適さを与え、同時に、物質の摩耗を抑えることができる。もちろん、このような鉄道の線路の曲率の例だけでなく、私たちの日

---

[7] 訳注：数学的には、高い regularity を持つの意。

常生活の中には微分計算を必要とする数多くの分野が存在する。事実、現代におけるすべての技術では、これを無視できない。それは、とても具体的なレベルで、産業工程において、また製品の生産の最適化において、よりよい条件を求めるあらゆる分野で応用されているのである。より普遍的に、微分学は多様なアイディアや新しい理論の源泉になっている。1つだけ例を挙げると、微分学は**微分幾何**と呼ばれる新しい幾何学の羽化を促した。それは後に、アルベルト・アインシュタイン (Albert Einstein) が、かの有名な一般相対性理論を展開することを可能にした、必要不可欠な枠組みであることが明らかになった。

　万有引力の法則や進化論のような、人類の英知の大いなる進展については、その価値を認められているが、その一方で微分学は、ごく限られた人たちがその価値を認めているにすぎない。このような認識の差は、抽象的なアイディアと具体的な実態との間に必然的に存在する距離によるものであることは、疑いの余地もないであろう。微分学は、無限という概念の習得が必要とされ、結果的には、最初からそれは抽象概念の領域に存在しているのだ。そのアプローチは、直ちに得られるような容易なものではなく、エスプリを必要とする作業が不可欠となる。実は、掛谷の問題は、まさにこの微分学を基礎とする運動や曲線の概念を介入させるものなのである。その曲線とは、針が回転することにより描かれる領域の境界線であり、その運動とは、この領域での針自体の動きを指す。このようにして、掛谷の問題は、私たちにライプニッツとニュートンによる偉大なる発明を深く学ぶ好機を与えてくれる。

La dérivation
微 分

　古典派の絵画においては、賢者は年齢を重ねている者だと思われ、表現されるのが常であった。現存するオリジナルの肖像画が全くないギリシャの学識者はすべて、年老いた貴族の風貌をもって描かれている。より現代に近いところでは、ダーウィン、アインシュタイン、フロイト (Sigmund Freud) あるいはパストゥール (Louis Pasteur) のような偉大な思想家の肖像画も比較的年老いたものが描かれている。ノーベル賞をはじめとする、ほとんどの科学賞の受賞者や研究が世の中から認められるのは、一般に、科学者人生の最後の方であることが多いのは事実である。ところが、偉大な発見は、特に数学では、相当若い時期に行われることがしばしばある。ニュートンやライプニッツは、それぞれ 23 歳と 29 歳の時に微分学を発見している。これらは、決して特別なことではない。彼らより以前に、デカルトは弱冠 23 歳にして解析幾何学の原理を紹介し、リンデマン (Carl Louis Ferdinand von Lindemann) が 19 世紀の終わり頃に円積問題の不可能性を証明したのは、彼が 30 歳になったばかりの頃であった。より最近では、アインシュタインが初めて相対性理論について発表したのは 26 歳の時であった。

　今日では、先代の人が残した問題を片付けるのは、しばしば若い人の役割である。ちなみに、他の科学の分野とは異なり、数学で最も権威ある賞であると言われるフィールズ賞は、若い人に褒賞を与えるもので、実際に、この賞は 40 歳以下の研究者に与えられる。数学者フィールズ (John Charles Fields) によって創られたこの賞は、数学におけるノーベル賞と同等な賞である。これは、1936 年以来 4 年毎に、傑出したトップクラスの重要な発見をした数学者に授与されている。受賞者の平均年齢は 35 歳である。この若さという武器が、素晴らしい仕事をする上での推進力を産むことはほぼ間違いない。哲学者かつ数学者であったゴットフリート・ライプニッツの全集は、あまりにも量が

多く、その編纂は 20 世紀初めに企てられたものの、いまだに完了していない。彼の手紙のやり取りだけをとっても 20000 通も手書きのものがあり、その完全な出版には百数十巻も必要となる！　一方、ニュートンは、20 年におよび、ほとんど修行僧のように完全に研究に身を捧げ、その生活は彼に重い神経衰弱をもたらした。最近の例を挙げると、メディアで頻繁に取り上げられたかの有名なフェルマーの大定理の証明は、数学者ワイルズ (Andrew Wiles) によって、9 年にも亘り孤立した上での猛烈な研究によるものであった。

　そしてまた、数学者間の競争もまた厳しく、優先権をめぐり激しい争いになる。微分学の発見はまさにこのケースで、ニュートンとライプニッツは激しく対立することとなった。ニュートンは実際に微分学を 1665 年に発見しているが、その結果が出版されたのは 22 年後の 1687 年であった。一方、ライプニッツは 1675 年にそれを発見し、ニュートンより発見が 10 年遅れたものの、ほぼ直後にその結果を出版しており、その出版についてはニュートンより十数年早いのである。ライプニッツが 1673 年にロンドン (London) に滞在した折に、ニュートンの発見を耳にしたのだろうか？　そのように考える人たちも存在し、ニュートンはライプニッツに対して猛烈な敵意を抱いていた。しかしながら、ライプニッツがニュートンの発見を《盗んだ》とは、考えにくいようである。今日においては、この 2 人は各々独立に微分学を発見した、とされている。

　この件について、もし、この発見が誰に帰属するのかを完全に明確にしなければならないすると、たとえばフェルマーやパスカルのように、微分学の発見を導いたすべての萌芽的要素を含む研究をし、ニュートンやライプニッツを触発した、数多くの数学者たちについても言及しなければならない。ちなみに、パスカルの著作を読んだ後に、数学を研究することになったライプニッツは「パスカルは目的に手が届いているのにもかかわらず、《あたかも呪文によって両目を閉じているかのよう》であった」[8] と述懐している。実際に、科学ではしばしば起こることだが、こうした発明はいったん行われてしまえば、とても単純で自然に思えても、それに至るまでには労苦や精巧な考察が必要とされる。この点においては、ゼロの発明に匹敵する。ゼロの発明当時は、実に革

---

　8) 訳注：実際には目的に到達しているのに、それに気付くことができないことを意味している。

命的な出来事であったが、今となっては至るところに現れ、そのことに注意を払うことすらない状態である。このようにして、微分学もニュートンやライプニッツが当初考えたものとはかけ離れた、数多くの場面に頻繁に現れている。掛谷の問題もおそらく、このようなものの1つであり、この偉大なる発明を取り扱う機会を私たちに与えてくれる。

❖微分って何？

　掛谷の問題は、その主張の単純さから想像されるものよりもずっと繊細で難しい。果たしてどのようにして、1本の針を回転させて作られる図形のうち、最も小さなものを、無限にある可能性の中から決定するのだろうか？　掛谷の問題で考察する対象となる範囲は制限がなく非常に広いため、多種多様な図形を考えることができる。これまでに見てきた例では、考察を導く方向性を垣間見ることすらできない。このような状況下では、1つ1つ確かめながら試行錯誤するプロセスはかなり自然であり、最初の手がかりを得るのに有効である。適切で合理的な目標の1つとしては、たとえば、この広大な領域での最初の全景をつかみ、より結論に近い形に対する感覚を磨くために、できる限り多くの図形を調べることである。このような場合、1つ1つの図形を見ていくよりも、いくつかの似たようなものを1つのグループにまとめ、各グループごとに考察していく方がより的確である。アイディアとしては、ルーローの三角形や、普通の三角形を1つの固定された図形とみるのではなく、1つの図形からそれを少しずつ変形して別の形に変えていくことである。たとえば、次の図のように、ルーローの三角形を出発点として、針の回転は可能でありながらも、面積の異なる一連の平面上の幾何学的な形を構築するのである。

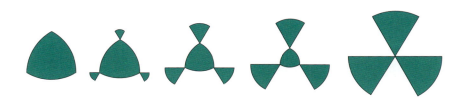

ルーローの三角形は徐々に3つの扇型に姿を変えていっている。言うまでもなく、途中の形は無限に存在するが、ここでは、その一部を表現することしかできず、残りは想像する他ない。このグループの中に、無限に存在する図形は、各々がルーローの三角形を中心とし、その周りに3つの《扇型》が同時に置かれている。その全容はあたかもプロペラの形を思い出させるようである。当然ながら、各々のプロペラの中で、針は、最初の方の図形であろうが、最後の方であろうが、完全に1回転できる。下の図は、この針の動きの原理を示すものである。

さて、ここで残されている問題は、これらの図形の中で、どの《プロペラ》が最小の面積を持つかを知ることである。そのためには、ただ1つの図形の面積を知るだけでは不十分で、この無限にあるプロペラのグループのすべての図形の面積を知らねばならない。前章までは、単独の図形の面積を知るだけでよかった。それでは今、どのようにして、この無限にある図形を扱う状況を大域的に[9]捉えればよいのであろうか？　その答えは驚くほど単純である。つまり、この無限にある図形に対し、それらすべてのプロペラの面積を顕在化する曲線が、それを解決してくれる。1つの図形が、その面積を表す数字に対応するように、図形のグループは、面積を表す曲線全体に対応し、その曲線は、このグループの無限にある可能な限りの図形の面積を描くものである。

この曲線 (17ページ上のグラフ) は、プロペラの面積がまず減少し始め、最も低い点に到達した後、今度は増加に転じることを示している。この曲線の左端の点はルーローの三角形の面積を表し、そして右端の点は、最後の図形である3つの扇形の面積を表す。この両端の2つの図形は、いずれもこの図形のグ

---

[9] 訳注：数学的な表現では「局所的」の反対語として用いる。

微分 | 17

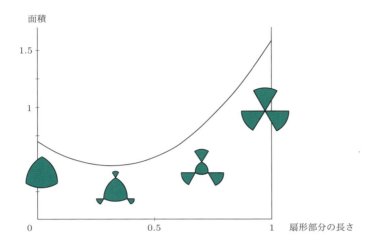

ループでの最小面積ではない。最小面積を持つプロペラは、グラフの途中に現れ、グラフの横軸から読み取れるように、扇型の長さ[10]が大凡 0.3 であることがわかる。この時のプロペラの面積は、グラフの縦軸から大凡 0.5 であることがわかる。比較のために述べると、この数値はこの針の長さを対角線の長さとする正方形の面積も表すが、この場合、針は正方形の中を半周すらできない。

たとえ、これが最初の 1 歩であるとしても、この非常に視覚的なアプローチは完全に満足できるものとはとても言えない。なぜならば、求めた値はグラフから読み取ったものであることから容易に想像できるように、これは非常に

---

10) 訳注：通常、「扇型の半径」と呼ばれるものである。

不正確な要素を含んでいるからである。この曲線を構成する無限にある点のうち、どの点における面積が最も小さく、またその時の面積の値は、正確にはいくらになるのだろうか？ すべての難しさは、この曲線を構成する点の密集度、つまりその曲線のいかに小さな一部分をとっても無限に多くの点からなっていることであり、この無限の存在が最小面積を与える点を明確に決定する際の障害となって立ちはだかっている。よくよく考えてみると、上述の通り、まさにここで曲線に対する一般的な理解という問題に突き当たるのである。すなわち、微分学こそまさに、この極めて習得困難な無限というものの理解を可能とし、ロピタル侯爵が語った《曲線の智恵》に近付く手段そのものである。

　ここで論じている面積を表す曲線の場合、この《智恵》は、最低点の正確な値を導くことができるものであって、結果的には面積が最も小さいものを見つけることを可能にする。この視覚的に捉えられる最低点をどのようにして、正確な位置として解釈し決定すればよいのだろうか？ この曲線について考察を進めていくと、まず初めに下降し、その目的の点に達すると今度はそこから再び上昇し始める。ラ・パリース (La Palice) が言い得たように[11]、曲線の最低点というのは、これ以上下降し得ない点であって、また上昇もし始めていない点である。したがって、曲線の各点で上ろうとしているのか、下ろうとしているのかを示す何かが必要となる。もう少し厳密に言うと、各点において、このそれぞれの上昇あるいは下降の程度が高ければ高いほど数値[12]が大きくなるものを、この《何か》に求めているのである。この、曲線の各点か

---

[11] 訳注：Jacques II de Chabannes de La Palice (1470–1525) は三人の王に仕え、当時のイタリアとフランスとの戦いに参加した軍人かつ貴族。最後の戦いで負傷し、死んだ彼の栄誉を讃え、歌われた《Un quart d'heure avant sa mort, il faisait encore envie》(彼の死の15分前でさえ、彼を羨むものがいた) という歌詞が、ある時《Un quart d'heure avant sa mort, il serait encore en vie》(彼は死ぬ15分前に、生きていただろう) と間違って読まれてしまった (f と s は当時の印刷技術の問題で共に ſ のように印刷されている)。それから随分後に Bernard de la Monnoye が 18 世紀に自明な事実のみを並べた歌を作り、それがもとになった表現で《Le Palice en aurait dit autant !》という「明らかな事実」を示す表現に基づいている。したがって、ここは「(間違えようがないくらい) 明らかなことだが」、という意味。

[12] 訳注：正確にはその絶対値。

ら引き出し探している数値は、私たちの生活の中で毎日のように出会う道路標識の中に見られるような数値であり、それは**傾き**と呼ばれるものに似ている。

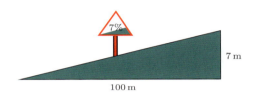

7%、つまり $\dfrac{7}{100}$ の傾きとは、水平方向に 100 m 進んだ時、鉛直方向にも同時に 7 m 移動していることを意味している。言うまでもなく、この傾きを測るには 100 m 動く必要はなく、移動距離はいくらでもよい。たとえば、50 m の水平方向の移動は、3.5 m の上りに相当する。その傾きは、いたって単純で、鉛直方向の移動 (距離) を水平方向の移動 (距離) で割ったものに他ならない。数学では、道路標識とは異なり、上の図のような上り道と同じ傾き具合であっても下り道とは区別し、後者の場合にはマイナスの記号を付ける。なお、この道路が自然に直線で表されるので、ここで《直線の傾き》について語ろうと思う。この傾きは、計測する場所にはよらない。つまり、傾いている直線上に 2 点 A, B をどこにとろうが、両者の鉛直方向の差と水平方向の差の比は常に同じ値である。この自明な事実は、有名なタレス (Thalès) の定理[13]の特別な場合に他ならない。これは、

$$\text{直線の傾き} = \frac{\text{A から B への鉛直方向の距離}}{\text{A から B への水平方向の距離}}$$

と書け、点 A, B は直線上どの 2 点を選んでもよい。このことは、次の図の色付きの三角形は、大小の差こそあれ、すべて類形、同等 (相似) であることを示している。

曲線の場合、話は複雑になる。実のところ、前述の比は——曲線として直線

---

[13]訳注：三角形 ABC に対し、点 D, E をそれぞれ直線 AB, AC 上に、直線 DE と直線 BC が平行になるように選ぶ。この時、三角形 ABC と三角形 ADE は相似である。

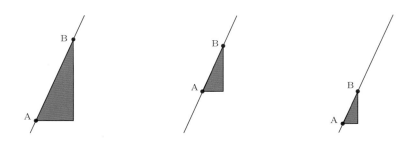

を選ばないない限り[14]——一貫して同じであるとは限らないのである。以下に示す例は、いずれにせよ、この比を具現化する三角形がいかに異なるかを表している。

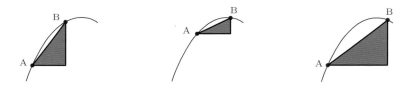

したがって、直線の場合に考えることのできる傾きを、そのまま曲線の場合に当てはめるのは、基本的に不可能である。それでは、私たちの日常生活の中に存在するこの傾きの概念から、私たちが追究したい曲線の場合にも適用できる概念に、どのようにして拡張 (一般化) すればよいのだろうか？　数学ではよくあることだが、実は単純なアイディアがこの問題の鍵を握っている。このアイディアを紹介する前に、上図の詳細を再検証してみよう。曲線がより直線に近ければ、色付きの三角形の形は、ある程度似かよった形であることにまず気が付くだろう。次に、選んだ 2 点の距離が近ければ近いほど、2 点を結ぶ曲線は直線により近いことが見て取れる。したがって、この場合の鉛直方向の距離を水平方向の距離で割った商を計算するためのアイディアというのは、点 B を点 A に《できる限り近付ける》ということである：

---

[14]訳注：数学的には、直線は曲線の特殊な一例にすぎない。

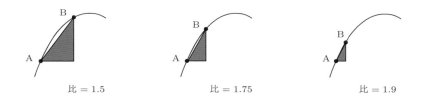

点 B を点 A に近付けていくと、$1.99, 1.999, 1.9999$ という数値が現れてくる。これらの数値は、点 B が点 A に近付けば近付くほど、2 という値にいくらでも近付けることができる。この時、2 を、$1.99, 1.999, \cdots$ の極限値といい、この極限値こそが《点 A におけるこの曲線の傾き》と言われるものである。このことを、以下の数式で簡単に表す：

$$\text{点 A におけるこの曲線の傾き} = \text{極限}\left(\frac{\text{A から B への鉛直方向の距離}}{\text{A から B への水平方向の距離}}\right).$$

ここで、《極限》という言葉は、点 B が点 A に近付く時、括弧内の数値が近付くべき極限値に向かうことを意味する。このことは、点 A のみならず、曲線上のあらゆる点で言えることである。以下の図は、同じことを他の 2 点、つまり、この曲線の頂点である点 S と中間の点 C に適用したものである。直線の場合と異なり、曲線全体の傾きではなく、曲線の各点における傾きが定義される。

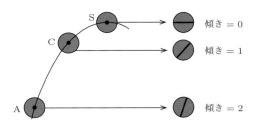

ここまでにわかったことをまとめよう。すべての直線に対しては傾きと呼ばれる数が対応し、これは私たちが持っている直感的な感覚と同じである。直線の傾斜がより急である時、その直線の傾き[15] はより大きな値を持ち、《上昇

---

15) 訳注：正確にはその絶対値を考えている。

する》直線と《下降する》直線を区別するために、下降の時は負の記号を付ける。対して、曲線の場合、各点において傾きがあるが、その値を求めるには極限値を決める必要があるため、より繊細で難しい。この傾きの大きな長所の1つは、ある点が、その曲線において最も高い点なのか、最も低い点なのかを見極めるために、厳密な条件を与えていることである——この傾きは0でなければならない。たとえば、上の図のSと記された頂点は、これ以上上昇もしないがまだ下降も始めていない点であり、この点における傾きは正でも負でもなく、必ず0でなければならない。掛谷の問題を調べる上で、この考え方は面積を表す曲線の最も低い点に対してもうまく適用できる。そこで、問題を変えてみよう：問題の曲線の最も低い点を探すのではなく、傾きが0になる点を求めてみることにする。この発想の転換は、些細なことに思えるかもしれないが、非常に重要な一歩なのだ。というのは、最も低い点という幾何学的な条件から、傾きが0という数値的な条件に、観点を移し替えたからである。今までは、幾何学的な対象を用いて思考・議論していたのだが、これからは計算が可能になってくる。

　私たちはいまだなお、無限の問題に直面し続けていることに変わりはない。確かに、面積を表す曲線は無限の点からなっており、傾きが0になる点を正確に求めるためには、無限に多くの傾きを計算せざるを得ない。そこで、ニュートンとライプニッツによる偉大な発明が登場することになる：これが、かの有名な**導函数**である。これこそが、無限にある傾きの計算を一挙に実行し、この困難を乗り越えさせてくれるものなのだ。なるほどこれは、この曲線のすべての点におけるあらゆる傾きをこの導函数1つが包み込み、特に、その傾きが0になる点に正確に導いてくれる。このような卓越した技を持つ《**函数**》[16]とは、一体何者なのだろうか？　具体的には、それは数学的な表現を持つもので、つまり、不定元 (未知数) x 等の数学的な記号を用いて記述される公式で表される。ゆえに、私たちは曲線とその傾きという、純粋に幾何学的な問題か

---

　16) 訳注：昔は、かんすうは**関数**ではなく、**函数**と記されていた。これは、函数とは「1つ目の量を入れると、2つ目の量を出す不思議な"箱"のようなもののことをいう」というニュアンスを絶妙に含んでいることによる。本書では、この意味合いを大切にしたいため、あえて**函数**という表記を用いている。

ら、不定元を含む公式に移行したということである。この移行の鍵は、幾何学的な対象と数学の公式の間にある隠れた関係の存在にある。

❖ デカルトの発見

　この隠れた関係を明らかに示したのは、ルネ・デカルト (Réne Descartes) であり、今日において、それは科学史上最大の発見の1つとみなされている。しかしながら、17世紀の初期には、デカルト自身は、このことを大して重要な発見とは認めておらず、古代の幾何学から受け継がれた、すべての幾何学的な問題を解くための道具として、みなしているにすぎなかった。デカルトの構想は並外れていたもの、と言わねばならないだろう。それはまさに、人類の英知を結集した、すべての分野にその力が及ぶ普遍的な数学《mathesis universalis》を建設することに他ならない、ということであった！　この計画を実現するにあたり、彼は人生の大部分を捧げ、とりわけ、『方法序説』の執筆・編纂という形で、その計画が結実した。より平易な言い方をすれば、方程式の未知数に使われる記号 x, y, z は、彼に由来するものである。彼は特に、べき乗の記号を導入したり、ギリシャ文字やヘブライ文字から派生した、複雑で冗長なありとあらゆる記号を取り除くことにより、代数的な記号を大幅に単純化した。彼の影響下で、数学的表現の表記の仕方はより体系的になり、しかも今現在使われているものにかなり近くなった。たとえば、数字、ラテン語のアルファベット、平方根といった代数的な演算などがそうである。もちろん、デカルトの研究は科学に留まっておらず、彼は、光学、解剖学、天文学から哲学や神学に至るまで、情熱を傾けていた普遍的なエスプリを持った学者の1人であった。彼は、兎に角全身全霊でもってこれらの研究を行い、世俗から遠ざかるためにありとあらゆる手段を講じた。彼は22歳の時から、オランダ軍に外国人貴族として仕えながら、旅をし続けていた。彼は生涯に亘って、住処を変える習慣を持ち続けた。というのは、数年おきに、イタリア、パリ (Paris)、ブルターニュ (Bretagne)、そして再びオランダで、フラーネカー (Franeker)、アムステルダム (Amersterdam)、ライデン (Leiden)、デーフェンテル (Deventer)、サントゥポールトゥ (Santpoort)、ハルデルウェイク (Harderwijk)、エンデ

ヘーストゥ (Endegeest)、そしてエグモン・アーン・デーン・フフ (Egmond aan den Hoef) に次々と移り住んだのだ！ 彼はストックホルムにて、クリスティーナ (Kristina Alexandra) 女王の御前で 53 歳の生涯を閉じた。

　科学の領域において、ルネ・デカルトのもたらした最も基礎的な貢献は、幾何学的な曲線と代数的な方程式を関係付ける、かの有名な**代数幾何**であることは疑いの余地もない。デカルトは、2 つの変数の間の代数方程式は、1 点 1 点が構成する曲線を定めることに、まず気が付いたのである。各々の点は、2 つの軸が定める座標を表す 2 つの数字によって決まり、これらは公式によって関連付けられている。ここで、私たちが選んだ曲線について言うと、その公式は $2x - x^2$ となる。

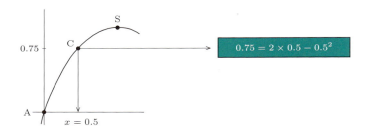

　上の図表は、この公式の取扱説明書のようなものである。点 C は 2 つの数値 0.5 と 0.75 から定まり、これを簡潔に $(0.5, 0.75)$ と記す。同様に A は $(0,0)$ と表され、S は $(1,1)$ と表される。この書き方では、2 つ目の数値、つまり鉛直方向の数値は、常に 1 つ目の数値から公式を用いて得られる。このためには、毎回、未知数 x を 1 つ目の数値に置き換えればよい。これは曲線上のすべての点に当てはまり、2 つ目の数値は 1 つ目の数値から、**函数**と呼ばれる公式 $2x - x^2$ 経由で決まる。この函数は、伝統的に文字 f を用いて表され、それは単にある値を示すものではなく、未知数 x の取る値に依存する量を表すのである[17]。ニュートンとライプニッツは新しい発見によって、当時の数学に革命を起こした。私たちは、与えられた曲線から出発して、一貫したプロセスを経て、考察対象の曲線の各点で、その傾きを与える函数を求められ

---

[17]訳注：訳注 16)(22 ページ) を参照のこと。

るようになったのである。函数 $2x - x^2$ にこの体系だったプロセス (後ほど詳細に述べる) によって、傾きを与える次の公式を得る：

$$傾き = 2 - 2x.$$

たとえば、$x = 0.5$ の時、つまり、曲線上の点 C において、その傾きは $2 - 2 \times 0.5 = 1$ であることがわかる。当然ながら、この公式は、この曲線上のその他すべての点でも同様に成り立っていることが確認できる。この曲線上の各点で、その傾きを示す表記 $2 - 2x$ はまた、**導函数**と呼ばれる函数であり、これを f' と記す。

結局のところ、直線の傾きはどの点においても単純に一定の値を取る函数であるが、一方曲線の傾きは、点の選び方によって取る値が異なる函数となる。この函数は、x の取る各々の値に対応する曲線の傾きを示し、導函数と呼ばれる。

傾きから導函数まで

ある函数から、その導函数に至る行程は、それほど神秘的なものではない。実際に、基礎的な考え方によって、今まで扱ってきた微分の公式の起源を理解することができる。ここでは、この考え方を本文に出てきた曲線を表す函数 $f(x) = 2x - x^2$ について、紹介することにする。この考え方に慣れてもらうために、まずは、特殊な場合である、点 C における傾きについて議論を展開する。

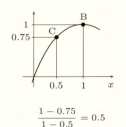 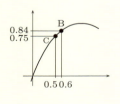

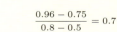

以下の表において、異なる位置にある点 B に対し、B と C の鉛直方向の距離を、その水平方向の距離で割った値を示しておく。

点 B の位置 x	1	0.8	0.6	0.51	0.501	0.5001	⋯	極限
商の値	0.5	0.7	0.9	0.99	0.999	0.9999	⋯	1

この表の右端に、点 C における傾き、つまり 1 が与えられていることが読み取れる。少し抽象化してみると、点 C のみならず、任意の点 P に対しても、その水平方向の座標は未知数 x によって決まり、同じプロセスが適用できる。この作業の結果は、もはやある数値ではなく、x に依存する式となる。それは、f の導函数に他ならない。

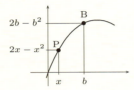

この傾きを与える商は以下のように記述できる：

$$\frac{\text{P から B への鉛直方向の距離}}{\text{P から B への水平方向の距離}} = \frac{(2b - b^2) - (2x - x^2)}{b - x}.$$

恒等式：$b^2 - x^2 = (b - x)(b + x)$ を用いることによって、この商を次のように簡略化できる：$2 - (b + x)$。点 P における傾きを得るには、b をより x に近付けなければならず、その極限において得られる数値は $2 - (x + x)$ すなわち、f' を表す式 $2 - 2x$ である。

ある函数からその導函数に移行するプロセスは、一般的には非常に簡単で、以下に、いくつかの函数についての例を示す：

$$\begin{array}{ccccc} & x & x^2 & x^3 & x^4 \\ \text{微分} & \downarrow & \downarrow & \downarrow & \downarrow \quad \text{等々} \\ & 1 & 2x & 3x^2 & 4x^3 \end{array}$$

この x のべき乗を組み合わせた式は、最も自然な方法で微分できる。たとえば、函数 $f(x) = 2x - x^2$ は函数 x と x^2 という上のリストに現れているもので構成されており、その微分は各項ごとに行えばよい：

$$f(x) = 2 \times x - x^2$$
微分　　↓　　　↓　↓

$$f'(x) = 2 \times 1 - 2x$$

　したがって、導函数の式 $f'(x) = 2 - 2x$ という、前述の結果を得るのである。この導函数の知識のおかげで、この曲線のあらゆる点における傾きが得られ、それは、未知数 x が存在することに由来する、私たちが直面した無限の問題を解消してくれる。つまり、x が取り得る無限にある値は、この曲線に現れる無限にある傾きと対応関係を持つことになる。最終的に、その傾きが 0 になるような点は、ごく軽い計算で求めることができる：傾き $2 - 2x$ は $x = 1$ という値において、0 となる。それはまさに、この曲線の頂点である点 S の水平方向の位置である。

❖掛谷の問題から一歩進んで

　デカルトの解析幾何学は、曲線とその代数的な記述との間の深い関係を明らかにする。無限にあるプロペラの形のグループに関する掛谷の問題に再び戻ると、その面積はある曲線によって示されていた。このプロペラの形の図形の面積を最小にするものを決定するには、この曲線の一番低い点を見つけなければならず、そのためには、傾きが 0 になる位置を探さなければならない。しかしながら、この計算を実行するためには、まず最初に、デカルトの偉大なアイディアを適用する必要があり、この曲線に対応する代数的な記述を見つけなければならない。この曲線で囲まれた部分の面積の場合を考えると、この代数的な記述というのは、以下で示される函数であることがわかる：

$$f(x) = x^2 \times 2.27556\cdots - x \times 1.40924\cdots + 0.70477\cdots$$

言うまでもなく、この式において曖昧な部分は全くなく、以下のコラム「最小面積をどのようにして計算するか？」で説明されている注意深い計算によって得られるものである。ここで、未知数 x は翼の長さを表している。

最小面積をどのようにして計算するか？

プロペラの形をした図形を、簡単な図形 (高さが $1-x$ のルーローの三角形と、3 つの小さな尖った扇形を集めたもので構成される、半径 x の半円板) に分解することにより、面積を示す函数の"正確な"式を得ることができる：

$$f(x) = \left(\pi - \frac{\sqrt{3}}{2}\right)x^2 + (\sqrt{3} - \pi)x + \frac{1}{2}(\pi - \sqrt{3}).$$

読者は、$\pi - \frac{\sqrt{3}}{2}$ や $\sqrt{3} - \pi$ のような式を恐れることはない。これらはタダの数字に他ならないからである。いったん、これらを数値で表すと、これらの数値によって、以下の面積の公式を得る：

$$x^2 \times 2.27556\cdots - x \times 1.40924\cdots + 0.70477\cdots$$

ここまではよい。問題は、この曲線の傾きが 0 となる x の値を見つけることに尽きる。この函数の各点 x における、この曲線の傾きを示す函数は、f の導函数なので、この f' を決定し、次に、$f'(x)$ の値が 0 となるような x の値の満たす方程式を解かなければならない。上記の微分のルールを適用してみよう：

$$f(x) = \left(\pi - \frac{\sqrt{3}}{2}\right)x^2 + (\sqrt{3} - \pi)x + \frac{1}{2}(\pi - \sqrt{3})$$

微分 ↓ ↓ ↓ ↓

$$f'(x) = \left(\pi - \frac{\sqrt{3}}{2}\right)2x + (\sqrt{3} - \pi)1 + 0$$

そして次に、方程式：$f'(x) = 0$、つまり：

$$(2\pi - \sqrt{3})x + (\sqrt{3} - \pi) = 0,$$

を解き、既に述べた結果に到達する：

$$x = -\frac{\sqrt{3} - \pi}{2\pi - \sqrt{3}} = 0.30971\cdots$$

これが、最小の面積を示すそれぞれのプロペラの端の部分 (それぞれの《翼》) の正確な長さである。公式 $\left(\pi - \frac{\sqrt{3}}{2}\right)x^2 + (\sqrt{3} - \pi)x + \frac{1}{2}(\pi - \sqrt{3})$ における x を上記で得た値で置き換えると、最小の面積を得、その値は結果的に次のようになる：

$$\left(\pi - \frac{\sqrt{3}}{2}\right)\left(-\frac{\sqrt{3}-\pi}{2\pi-\sqrt{3}}\right)^2 + (\sqrt{3}-\pi)\left(-\frac{\sqrt{3}-\pi}{2\pi-\sqrt{3}}\right) + \frac{1}{2}(\pi-\sqrt{3}).$$

この記述を簡略化することにより、最終的に次の結果を得る：

$$最小面積 = \frac{\pi(\pi-\sqrt{3})}{4\pi-2\sqrt{3}} = 0.48649\cdots$$

さてついに、上記に示したものと同じ道筋を辿るのみとなり、後は微分の規則にしたがって、この曲線の各点での傾きを決定するだけである。

$$f(x) = 2.27556\cdots \times x^2 - 1.40924\cdots \times x + 0.70477\cdots$$
微分 ↓   ↓   ↓ ↓
$$f'(x) = 2.27556\cdots \times 2x - 1.40924\cdots \times 1 + 0$$

この微分は、上記で実行したものと比べて、函数 f を構成する数字が異なるだけである。これらの数はもはや整数ではなく、小数点以下無限に続く数であるが、微分のプロセスには全く影響を与えない。なお、この計算は同時に、新しい微分の規則に出会う機会を与えている："孤立した"数字、つまり、0.70477 のような数の微分は 0 になる。よって、f' は次のような式で表される：

$$f'(x) = x \times 4.551\cdots - 1.409\cdots$$

この式は、$1.409\cdots$ を $4.551\cdots$ で割ったもの、つまり x の値が $0.309\cdots$ の時にゼロになる。このように、この種類の図形のうち、最小面積が得られるのは、その翼の長さが $0.309\cdots$ の時である。そして最終的に、このプロペラの面積を計算するには、函数 f を用いれば十分である：

$$最も小さいプロペラの面積 = 0.48649\cdots$$

この数は 0.5 より小さく、その時のプロペラの面積は、実際に比較のために用いた正方形の面積より小さい。しかし、この結果は掛谷の問題の最終的な解答からはほど遠く、たとえば、その中心部がルーローの三角形の形をしたプロペラのグループを、正三角形のそれに、置き換えることによって、飛躍的に改良できる。

　この新しいグループに対して、前述の作業を行うと、最小面積は 0.42217···
となることがわかる。比較のために言うと、デルトイドの面積は 0.39269···
である。言い換えれば、適切な大きさのものを選べば、直線と円からのみで構
成される非常に単純な形である、中心部が正三角形の形をしたプロペラは、掛
谷にとって大切な対象であるデルトイドとほぼ同じ面積を持つことがわかる。

❖アルキメデスの定理

　函数の微分は、曲線に対する精密な理解を可能にするのと同時に、先験的には非常に異なる複数の概念の間の、思いがけない関係を示してくれる普遍的な概念である。アルキメデス (Archimedes) の定理がそのよい例である。アルキメデスは、紀元前 3 世紀にシラクサ (Syracuse) で住んでいた、あらゆる時代における、最も偉大な識者の 1 人である。彼は、彼の名を冠した浮力の原理および、この発見の際のエピソードで有名な《Eureka》(エウレカ)[18] で、一般大衆にも知られている。天文学者であると同時に、技師であり幾何学者でもあった普遍的なエスプリの持ち主である彼は、数々の発見をしており、その中でも最も重要なものは、アルキメデスの螺旋、アルキメデスの熱光線、そして当時としては革命的な π という数字の小数展開である。しかし、彼の結果の中で最も注目に値するのは、球とそれを囲む円柱との間にある隠れた対応関係を明らかにしたことである。この対応は、特に、球面の面積とそれを囲む円柱の側面積の間に成り立つ等式を確立しており、これはまさにアルキメデスの定理である。

---

[18] 訳注：ギリシャ語に由来する感嘆詞で、何かを発見・発明したことを喜ぶ時に使われる。

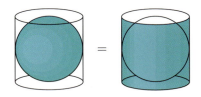

　この定理は、信じられないほど革新的で、つい先ほど説明した微分計算の方法を適用することを可能にしている。そしてまた、アルキメデスもこの発見については極めて誇らしく思っていたようである。ちなみに、1758年に書かれたジャン・エティエンヌ・モントュクラ (Jean-Étienne Montucla) の著作「数学史」の中で、アルキメデスについて次のように書かれている：

> マルケルス (Marcus Claudius Marcellus) は、(中略) この偉人の死に対し、彼を救い出せなかったことを甚だしく後悔していた。彼の寛大さによって、アルキメデスの所有物、彼の財産およびその遺体は身内に返された。それは、この偉人の墓碑を造るためであった。アルキメデスは、彼の球面と円柱の関係についての発見を記念して、彼の墓標に、円柱に内接する球面の絵を刻むことを予てから望んでいた。この望みは叶えられたが、その墓碑はどこにあるかわからなくなっていた。が、長い年月を経て、シキリア (Scilia) 属州の財務官であったキケロ (Marcus Tullius Cicero) が、クロイチゴといばらの間に隠れていたその墓碑を探し出したのである。

　一見したところ、このアルキメデスの定理を確かめることは簡単であり、ただ単に球の表面積と円柱の側面積を計算し、両者が等しいことを確認すれば十分である。円柱に関しては、長方形の両端を閉じただけであり、その面積の計算は実際に問題なくできるが、一方、球面の表面積の計算の際には、概念的にも実際上も大変難しい問題が露呈する。実際、円柱や円錐のようなある種の図形と違い、球面は平面上に展開できず、平坦なものを計算するようには、その面積を計算できないのである。これこそがまさに重大な難関となる。球面は本質的に空間のオブジェであり、円柱や円錐とは根本的に異なるものなのだ。ではこの難関を目前に、どのようにして球面の面積を求めればよいのだろうか？

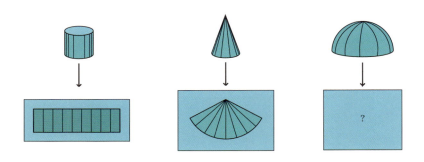

　かなり具体的なある観察により、この難関を回避することができる：逆説的ではあるが、体積を量る方が面積を測るより簡単である。実際に、あるオブジェの体積を量るには、目盛りのついた容器に沈め、水量の変化を調べれば、求めたい体積を得ることができる。他方、面積を測る方法を考えると、すぐにはアイディアが見つからない。そこで、より簡単な体積の計算を通して、その表面積を計算する、というアイディアを考えてみよう。明らかに、体積と面積は異なるが、片方からもう片方を導く方法があり、その対応の鍵となるのは後に出てくる微分そのものなのである！　平坦なオブジェのように簡単な場合、微分を使う必要はなく、この対応はより直接的でわかりやすい。つまりこのような場合は、微分という手段を使わなくても求めたい答を導き出せる。それはたとえば、壁のように平らな面のペンキ塗りのような、アルキメデスの考察とはかけ離れたところにあるように思える、毎日の生活の中で現れてくる。

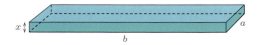

　ある壁を均一に塗るために、必要なペンキの量は、塗りたい面の面積に比例することは、誰もが知っているところである。よって、使ったペンキの量と塗った面の面積の間には対応関係があり、ペンキの使用量が分かれば、塗った部分の面積を割り出せる。たとえば、上の長方形において、面積 ab はペンキの体積 abx を塗装部分の厚み x で割ったものである。これを次のように表す：

$$面積 = \frac{体積}{厚み}$$

　この公式は、面積と体積の関係をしっかりと連携付けているが、残念ながら、問題のオブジェが平坦でなくなるやいなや使えなくなり、特に、球面の表面積の計算には有効でない。しかしながら、無限小の考え方を取り入れる、ということを試みれば、この方法は平面的なものでなくとも適用できるようになり、このようにして、より普遍的なものとなる。そのためには、長方形のような平らな面に対してではなく、たとえば、この同じ長方形から単純な変形によって得られる波打った面について、前に述べた手順を踏み直せばよい。

　塗ったペンキの量からこの新しいオブジェの表面積を求める時、その容貌は、ペンキの成す厚みによって、随分変わることに気付く。この厚みが薄ければ薄いほど、それは、曲面とピッタリと寄り添うように合ってくる。

　ペンキの使用量をその厚みで割ったものは、ペンキの厚みによって必ずしも同じではないと察することができる。この厚みが薄ければ薄いほど、この商の値は、波打った面の実際の表面積に近付くが、この表面積は、もとの長方形の面積そのものである。ペンキの厚みをますます薄くした場合の、この商の値の**極限値**を計算することにより、まさにこの表面積を求められる。これは、以下のような式で要約される：

$$表面積 = 極限\left(\frac{ペンキの層の体積}{この層の厚み}\right)$$

　この**極限**という言葉は、ペンキの厚みがより薄くなればなるほど、この商の取る値が近付く値を意味する。体積を厚みで割った商は、長方形の面積を表すが、空間にあるオブジェについては、ペンキの厚みによって異なる結果を与え

る。だからこそ、表面積を計算するには、この商の極限値を計算する必要があるのだ。このようにして、球面や、波打った面のような空間のオブジェの表面積を求めるための普遍的な公式を得る。さてここで、曲線の傾きに関して述べたことを思い出してみると、ある類似点が見られる：

$$\text{平坦な面の面積} = \frac{\text{体積}}{\text{厚み}}$$

$$\text{空間のオブジェの表面積} = \text{極限}\left(\frac{\text{体積}}{\text{厚み}}\right)$$

$$\text{直線の傾き} = \frac{\text{鉛直方向の距離}}{\text{水平方向の距離}}$$

$$\text{曲線の傾き} = \text{極限}\left(\frac{\text{鉛直方向の距離}}{\text{水平方向の距離}}\right)$$

面積と傾きは、一見してとてもかけ離れた 2 つの概念のようだが、これらを定義する公式にはかなりの類似性がある。ここで、微分の概念は、傾きを表す公式に直接的に由来することを思い出してみよう。この表は、空間のオブジェの表面積の計算は、この微分と同じ原理でなされることを垣間見させてくれる。もし、これが本当であれば、最初の問題は、この素晴らしい原理をどの函数に適用するかを知ることだ。与えられた面に塗ったペンキの層の体積は、明らかに、この層の厚み x によるため、求める函数はこの体積を厚みによって表すものに他ならない。正確に言うと、この函数を f と記すと、この表面積は以下の 2 ステップで得られる：まずは、導函数 f' を求め、次に、この導函数において x を 0 に置き換える。このようにして得た数値は、求めていた面積に他ならない。この結果の厳密な証明は本書のレベルを越えるため、このプロセスを、微分の果たす中心的な役割を明らかにする図式を用いて、視覚化するに留めておく。

$$\begin{array}{ccccc} \text{ペンキの体積} & & \text{その導函数} & & x = 0 \text{ の時} \\ f & \longrightarrow & f' & \longrightarrow & \text{面積} \end{array}$$

この図式は、ペンキの体積を入力すると曲面の表面積を出力する、機械的なプロセスのように見えるが、これは体積を面積に変換し、その基本的な仕掛けとなるのは導函数の計算である。

このプロセスを、特に半径 R の球面に適用すると、もちろん、球面の面積

である $4\pi R^2$ を得る。この計算の詳細は、コラム「どのようにして、球の表面積をその体積から導くか?」にある。今日においてよく知られているこの値こそが、アルキメデスのかの有名な結果を導くのである。なるほど確かに、球面の表面積は、以下の形の積に分解できる:

$$4\pi R^2 = 2\pi R \times 2R$$

この式の $4\pi R^2$ という量は、半径が R で高さが $2R$ の円柱、つまり、高さと直径が同じ円柱の側面積も同様に示している。実際に、この円柱の底面は半径が R の円なので、円周の長さは $2\pi R$ であり、その高さ $2R$ を掛けたものが円柱の側面積で、これは $4\pi R^2$ に等しい。このように、$4\pi R^2$ は半径 R の球面の表面積を表すと同時に、それを囲む円柱の側面積をも表している。

どのようにして、球の表面積をその体積から導くか?

すべては、その厚みに対してペンキの層の体積を対応させる、函数 f の決定に基づく。そこで、半径 1 の球を厚み x のペンキの層で覆うことから始める。

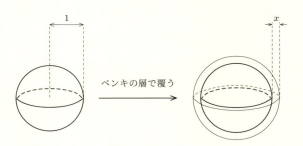

最初は、ペンキの層の体積は求めたい球の表面積と同様に、計算不可能と思うかもしれない。トリックは、この体積は単に、(右側に示された) 半径 $1+x$ のペンキの塗られた球面の体積と、もとの半径 1 の球面の体積との差に着目する、ということである。半径 R の球の内部の体積が $\frac{4}{3}\pi R^3$ であることを知っていると、ペンキの体積 $f(x)$ は、差

$$f(x) = \frac{4}{3}\pi(1+x)^3 - \frac{4}{3}\pi 1^3$$

で表され、これは次のように簡略化される：
$$f(x) = \frac{4}{3}\pi x^3 + 4\pi x^2 + 4\pi x.$$

この表示を微分することにより、前述の微分の規則から、次の式を得る：

$$f(x) = \frac{4}{3}\pi \times x^3 + 4\pi \times x^2 + 4\pi \times x$$

微分　　↓　　　　↓　　　　↓　　　↓

$$f'(x) = \frac{4}{3}\pi \times 3x^2 + 4\pi \times 2x + 4\pi \times 1$$

となり、これを簡略化すると、$f'(x) = 4\pi x^2 + 8\pi x + 4\pi$ を得る。

　ペンキの層の体積を表す式を決め、更にその導函数を決定した後に、球の表面積を得るには、メインテキストに書かれてある小さなプロセスを適用すれば十分である。

　　　　ペンキの体積　　　　　　その導函数　　　　$x = 0$ の時
$$\frac{4}{3}\pi x^3 + 4\pi x^2 + 4\pi x \longrightarrow 4\pi x^2 + 8\pi x + 4\pi \longrightarrow 4\pi$$

半径 1 の球の表面積が 4π であることから、半径 R の球面の表面積は $4\pi R^2$ となる。

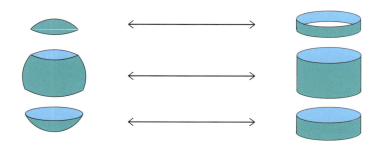

『上の図のように、切った各パーツの側面積は、それぞれ等しい。』

　上の図で示した通り、2 つの公式の一致を明らかにしたが、実はこの一致は偶然によるもので、2 つのオブジェの真の幾何学的な対応を意味するものではないかもしれない。実際には、この公式の一致は偶発的なものでは全くなく、

極めて強烈な結果が隠されている：底面と平行に、どの高さで球面を取り囲む円柱を切ろうが、両者の表面積の間の等式は常に成り立っている。この偉人に敬意を表して、これをアルキメデスの定理という。

この主張は、赤道近辺[19]でも既に驚愕に値するが、北極や南極の近くでは、極冠の表面と円環の表面を比べることになり、全く予想すらできないものとなっている。平面の一部となる円柱の一部は、球面上で展開できることは絶対にない、という事実を強調しておく。実際に、もし球面をこのように覆ってみようとすると、隙間ができたり2重に覆われたりする部分が出てくるのは避けられない。

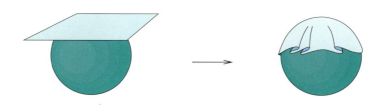

そういうわけで、この面積の間の対応関係は、ちょっとした奇跡であり…、これは、体積から表面積を計算するプロセスの手段を使って、微分計算を行うことにより、容易に確認できる。もちろんわかりきったことだが、実際の計算は球面全体の場合に比べて少々技術的ではあるが、その証明は頑張れば誰でもできるような程度である。しかしながら、その証明によってアルキメデスの定理が正しいと仮に確信できたとしても、その計算が大局的な理解を与えるものではない。それどころか、結果を得るための道程は煩雑で難解を極め、極限移行を必要とし、微分に類似したものを発見し、その上、体積を計算しなければならない。確かに定理は得られるが、この神秘的な対応の深い理由にはほとんど光を見出せない。何よりも、この高名な識者はこの証明に関わる異なる観念を、随分明快にしてくれる現代的な記号や概念を使えなかったために、アルキメデスの発見というものをより印象的付けることになった。アルキメデスの証明は幾何学的で、必要な計算は、ユークリッド (Euclid) の比例論[20]を用い

---

[19]訳注：球を地球に喩えている。
[20]訳注：ユークリッドの『原論』によると、ユウドクソス (Eudoxos) によるらしい。

る。新しい代数的な計算および無限小計算の枠組みにおいて、前記で用いた代数的な操作に関する概念が現れるには、2000年以上の時を待たねばならなかったのである。アルキメデスの定理は、本当に傑出した偉業であることがわかる。

Le calcul intégral
積分

　1593 年に、オランダ大使が、フォンテーヌブロー (Fontainbleau) にある王アンリ 4 世 (Henri IV) の宮殿に迎えられた。彼は、オランダ人の学者アドリアン・ロマン (Adrien Romain) の著作を引用し、「フランスには偉大な数学者は 1 人もいない。」と公言した。というのは、その著作の中で、数学上の挑戦問題を彼の研究者仲間に向け投げかけたが、その研究者仲間の中にはフランス人は 1 人も含まれていなかった、というくだりがあったからである。チクリとやられた王は、側近の 1 人が数学に熱を上げていたことを知っており、その側近を呼びつけた：その側近とは、フランソワ・ヴィエートゥ (François Viète) である。懐疑的であった大使は、ヴィエートゥに挑戦状を叩きつけるべく、その本を用意させた。当時の定式化の方法では 1 ページには収まらないような、ある相当複雑な 45 次方程式を、果たして解けるか？　今日現代代数学の父とみなされているヴィエートゥは、この方程式を 1 日もかからずに解いたのであった！　良き好敵手であるロマンは、このフランス人数学者の偉大なる価値を認め、交友関係が始まった。著者タレマン・デ・レオー (Gédéon Tallémant des Réaux) の美しい作風を超えて、このエピソードは少々誇張されているが、数学上の挑戦を投げかけるという展開は、当時、実際によく行われていた。それは、自分達が既に解いている問題を、多くの場合、多額の懸賞金を設けて、他の人達に投げかけ競わせるというものであった。

　1658 年に、高名なブレーズ・パスカルは、彼の表現する「直線や円の次に最も自然な曲線」に関する挑戦問題を投じた。勝利を収めたものに対し、多額の懸賞金が約束されていたにもかかわらず、期限内に、提出された問題すべての解決に至った人はいなかった。さて、この曲線は何者だろうか？　それは、円盤が水平方向に転がる時、その境界上の 1 点が描く曲線、それは既に第 1 章で出会ったあのよく知られた**サイクロイド**である。

　日常生活において、このような曲線は、たとえば自転車の車輪に固定された灯りを追うことにより、観察することができる。この曲線は数学者の興味を掻き立てた。というのは、この曲線は円と直線のごく自然な組み合わせからなるためである。その単純さにもかかわらず、この曲線はギリシャ人から関心を示されることもなく、17 世紀初めに注目されたにすぎなかった。この曲線は全くもって新しいものであったため、その性質については開拓すべきものがあり、その囲まれた部分の面積を求めることから始まった。円盤の面積はよく知られている通り πR^2 と表されるが、サイクロイドの弧とその下の直線の囲む部分の面積を与える公式は何か？ この問題は非常に難しく、当時の大数学者であり、そしてまたその名を冠した天秤でも名高い、ロベールヴァル (Roberval) によって、この有名な公式は発見された。それは $3\pi R^2$ となり、したがって、1 つの弧と直線で囲まれる部分の面積は、その弧を描く円盤の面積の 3 倍となる。パスカルの挑戦問題は、常にこの同じテーマでサイクロイドに関するいくつかの問題を集めたものであった。

　ロベールヴァルとパスカルの挑戦状にみられるように、面積の計算は、当時の偉大な学者達の間で関心の的であり、中心的な問題であった。この問題は、積分学の原理の出現に伴い華々しい進展が見られた。この計算は、それ以前のニュートンとライプニッツによる微分学の発見なしには起こり得ないことであった。この新しい原理によって、面積の計算に関するあらゆる計算は、明白に、かつ大いに単純化し、今日においては、ロベールヴァルとパスカルの挑戦状は、高校 (Lycée) の最終学年程度の水準となり、しかも計算そのものは、たったの数行にしかならないレベルとなっている。まさに、図形の (囲まれた部分の) 面積が問題となる掛谷の問題においては、この同じ原理が自然に適用され、数多くの新しい図形の扱いを可能にする。ここまでの時点で、本書で出会った図形の数はかなり限られているが、本書での主要な図形を少し回顧しておこう：最初は、針の長さを直径とする円盤で、次にルーローの三角形、そして正三角形、最後に、プロペラ型のいくつかの異なるグループがあった。

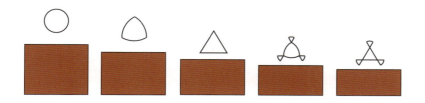

　ここで、これらの平面図形は、円と直線のみを用いて描かれていることに注目することが重要で、面積の計算は簡単になっているものの、新しい図形をつくるには限界がある。より複雑な曲線を用いることができれば、もっと自由にありとあらゆる図形を考えられるようになる。そうなると、この状況下において、更に面積の小さい図形が得られると考えるのは自然なことである。しかし、これらの図形はより複雑な曲線で囲まれているため、そのサイズを求める問題が生じてくるのは避け難いことである：どのようにして、その面積を求めたらよいだろうか？　ここで登場するのが、まさに積分計算なのである！　というのは、この計算によって、サイクロイドの問題をとても容易に解決でき、それはまた、ありとあらゆる複雑な曲線に対しても同様の方法が適用できるからである。掛谷の問題について考察を進めると、すぐにこのような複雑な曲線が必ず現れるのである。たとえば、中心部分が三角形の形をしたプロペラの円弧の部分をより複雑な曲線で置き換えると、掛谷の問題に応えるようなより小さな面積を持つ図形を得られる可能性がある。この改良は、図形の中での針の動きを最適化することで、例証される。ここまで考えられてきた針の軌跡は、以下の図のように、図形の内部において、針を回転させることと針を滑らせることを組み合わせてできたものであった：

　この針の動きを注意深く観察することによって、スペースの節約を考えることができる。針を三角形の頂点を中心に順々に回転させる代わりに、三角形の辺に沿って、針の端を毎回滑らせるのだ。そうすると、この針は内部を1回転

するが、この場合、この3つの扇形の中で、一部針の通過しない部分が生じる。

このようにして、上の図のようにプロペラの内部で、針を回転させることのできる、より小さな新しい図形を作るのだ。この新しい図形は、直線や円だけでなく、より複雑な曲線の一部で囲まれており、その面積を決定するのに積分計算を用いるのである。実は、この計算には難しい問題が隠れている。そこで、この積分計算を始めるのに、もっと簡単な例に取り組むことにする。

❖アルキメデスの分割

正方形を3つに等しく分割する、調和の取れた予想外の方法がある。この優雅な分割の起源はアルキメデスの時代に遡り、古代よりよく知られた曲線である**放物線**を使う。この曲線は、サイクロイドと同様に最も基本的でわかりやすく、函数 x^2 を表し、ボウルの底のような形をしている。2つの放物線を、以下の図のように対称的に置くことにより、正方形は3つの均等な部分に分けられる。

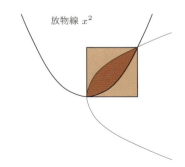 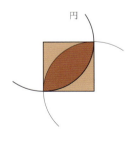

2つ目の図では、円弧を用いた分割は、3つの面積が均等ではないことがわかる。他方、アルキメデスが行った計算では、正方形を2つの放物線で分割すると、それぞれの面積は完全に等しい。問題は、正方形の面積は1である時、このパズルの3つの各ピースの面積が $\frac{1}{3}$ であることを示すことである。さて、この分割で、明るい色の部分からなる2つのピースは、図の対称性から、面積が同じであることがわかる。よって、この2つのピースの各々の面積が $\frac{1}{3}$ となることを示すには、そのうちの1つの部分の面積が $\frac{1}{3}$ になっていることを示せばよく、この時当然、真ん中にあるピースの面積は $\frac{1}{3}$ になる。この問題の最も難しい点は、放物線 x^2 の下の部分、つまり、直線でもなく円でもない、初歩的な公式が適用できないある曲線の下の部分の面積を求めることにある。まさに、この種の難関を突破するべく、数学者は積分学に取り組んだのである。

　この計算の主要なアイディアは、面積のわからない図形を、面積がより簡単に計算できる図形で近似することである。こうして得られる結果は、求めたい面積を近似しているにすぎないが、この過程を繰り返し、より細かく近似していくことにより、求めたい面積を極限値として得ることができる。具体的に、この方法を実行に移すには、面積が簡単に求められる長方形で問題の図形を満たすのである。これらの長方形の置き方は、底辺を水平方向に並べ、柵を作っていくようにする。

　このように連なった柵は、この図形の内部にあり、ここでは小さな柵と呼ぶ。上の図ではこれらは、5個、10個および15個からなる板がある。同様に、柵がこの図形を完全に覆うことも考えられ、その場合には、これらは大きな柵と呼ぶことにする。

小さな柵と大きな柵は、柵の幅が小さければ小さいほど、近似の精度が上がるということに注意しておこう。これらの大きな柵と小さな柵が覆う部分のそれぞれの面積を決定しさえすればよい。そこで、5 つの柵の場合を例にとって、具体的に計算してみよう。

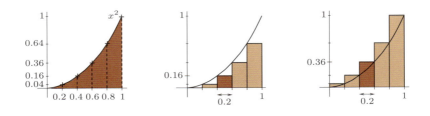

柵の部分の面積は、それを構成する各長方形の面積の和なので、各長方形の面積を計算すればよく、それは非常に容易である。たとえば、(上の図で) 色の最も濃い長方形の面積は、小さい柵で 0.2×0.16 であり、大きい方は 0.2×0.36 となっている。こういった計算を繰り返すことにより、最終的に次の結果を得る：

$$5 \text{ つの小さな柵の面積} = 0.24$$

$$5 \text{ つの大きな柵の面積} = 0.44$$

このように、この図形の面積は 0.24 と 0.44 の間の値となる。次の表で、上の計算と同じような計算を柵の数に応じて行うと、柵の数が多ければ多いほど、大きい柵の面積と小さな柵の面積はますます近付いていく。

	小さな柵	図形の面積	大きな柵
10 個の柵	0.285	**0._ _ _ _ _**	0.385
100 個の柵	0.32835	**0.3_ _ _ _**	0.33835
1000 個の柵	0.33283⋯	**0.33_ _ _**	0.33383⋯
10000 個の柵	0.33328⋯	**0.333_ _**	0.33338⋯
⋮	⋮	⋮	⋮

この節の最初の図 (42 ページ下の図) で、放物線の下にある色付けられた部分の面積は、0.33333⋯ という値、つまり、$\frac{1}{3}$ の値にすぎないが、この上の図に見られる近似の数列は、より細かな結果である「正確な」値に近付いている。この値がちょうど $\frac{1}{3}$ なので、正方形は、これら 2 つの放物線は、この正方形をちょうど 3 つの等しい面積を持つ部分に分割する。

❖積分って何？

この柵を用いる方法は、前例以外でも用いられ、それは非常に一般的なものであり、曲線によって囲まれる部分の面積の計算を可能にしている。では、次の 3 つの例を通して見てみよう:

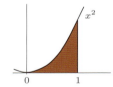 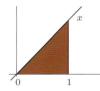 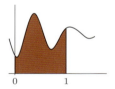

左側には、あの放物線 x^2 があるのがわかり、そして次は直線で、その次に曲線が描かれている。これらに、柵の方法を適用した結果をまとめると、以下のようになる:

	小さな柵の極限として得られる面積	色付き図形の面積	大きな柵の極限として得られる面積
放物線	0.33333⋯	**1/3**	0.33333⋯
直線	0.49999⋯	**0.5**	0.50000⋯
曲線	0.74999⋯	**0.75**	0.75000⋯

1 行目は、前段落の要約であり、この行にある 3 つの値は、1 つの同じ数であり、それは放物線の下の部分の面積を表している。それに続く 2 行目は、見た目とは異なり、同じ数字を表している。ここで、数字の表記法に対する悪戯に直面することになる。これらは、たとえば、0.99999⋯ と 1、あるいは 0.49999⋯ と 0.5 のように、1 つの数が 2 つの異なる十進展開を持つ数なのである。柵を用いる方法で、直線や円そして 3 つ目の曲線の下の部分の面積を、何の曖昧さもなく求めることができる。これは、どのような曲線でも成り立つのだろうか？　つまり、大きな柵を用いて計算した面積と小さな柵を用いて計算した面積が異なる場合が存在するのだろうか？　実は、このような場合は存在するのだが、それは驚くほど風変わりでこの理論の枠からはみ出た函数を用いて示される。こうなると、曲線の下の部分の**面積**という概念そのものすら、自明な意味を持たなくなる。私たちが興味を持つような通常の函数だと、小さな柵と大きな柵は同じ数を示し、それは函数 f を表す曲線の下部の面積を示す。この数を書き表すため、数学者は記号

$$\int_0^1 f(x)\,\mathrm{d}x$$

を用い、この記号は《函数 f の 0 から 1 の積分》、と読む。たとえば、前の図 (45 ページ) の左端にある曲線では、f は函数 $f(x) = x^2$ を表し、この数は 0.33333⋯ となり、真ん中の曲線では、函数 $f(x) = x$ であり、この数は 0.5 となる、など。この表記に現れる記号は、(フランス) 革命以前に書かれていたように、S を伸ばしたものである。それは、和を表すラテン語の **Summa** の頭文字 S に由来し、先ほどの長方形の面積の和の計算を思い起こさせる。このような面積は底辺に高さをかけることによって得られることから、式 $f(x)\,\mathrm{d}x$ は高さが $f(x)$ で底辺が $\mathrm{d}x$ の長方形の面積を示す。もちろん、この柵を用いる方法は、0 と 1 の間の図形に限られているわけではなく、他の値——仮に a, b と呼ぼう——を選ぶこともできる。同じプロセスで、以下の図のような他の図形の面積を求めることができる：

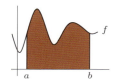 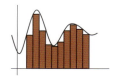 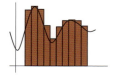

　この面積は、実に論理的に

$$\int_a^b f(x)\,\mathrm{d}x$$

と記される。この表記を簡単にするために、本文中では上記の積分の式から $\mathrm{d}x$ を取り除き、

$$\int_a^b f$$

の形で表すことにする。柵の方法は非常に興味深く、あらゆる種類の領域の面積を求めることができるだけでなく、その他の数多くの状況にも適応できる。しかしながら、それはうんざりするような計算で、ただ 1 つの柵の計算だけでもとてつもなく長い。幸いにして、微分計算のようにこれらの計算から逃れられる公式が存在し、このとても重要な公式は、面積の計算と微分の間にある壮大な関係を明らかにしてくれる。その真髄は、ある函数の表す曲線の下の部分の面積を求めるには、次のようなもう 1 つの函数 F がわかればよいという主張である。それは、その導函数が新たにもとの函数 f を与えるようなものである。これが、いわゆる**積分公式**である：

$$\int_a^b f = F(b) - F(a),$$

ただし、$F(a)$ と $F(b)$ は、函数 F によって得られる、数 a と b にそれぞれ対応する値を表す。このようにして、ある曲線の下の部分の面積は、函数 F という、その微分が f となるものを用いて、直接的に 2 つの値の差で表せる。もはや、大きな柵と小さな柵の面積の計算をし、更に、その極限値を調べて、面積を求める必要はないのである。これこそが、この積分公式の大いなる奇跡である。面倒で大変なプロセスが、たった 1 つの引き算に置き換わったのだ！

そこで例として、アルキメデスの分割のような問題を、この積分公式を用いて、どのように扱うかを示してみよう。前述のように、この問題は、数

$$\int_0^1 f$$

が $\frac{1}{3}$ となることを示せばよい。公式を適用するには、函数 F で、その導函数が f、つまり $f(x) = x^2$ となるものを見つける必要がある。微分に関して、前章で述べたことをざっと見直すと、x^3 の微分は $3x^2$ となっていることがわかるだろう。結果として、微分のプロセスを適用することにより、函数 $F(x) = \frac{1}{3}x^3$ が適当であることがわかる：

$$F(x) = \frac{1}{3} \times x^3$$
微分　　↓　　　↓
$$f(x) = \frac{1}{3} \times 3x^2 = x^2$$

このように、函数 F の微分が x^2 なので、この函数 F を積分公式に適用すればよい。囲まれた面積は、次の引き算で計算される：

$$\int_a^b f = F(b) - F(a)$$
↓　↓　↓
$$\int_0^1 f = F(1) - F(0) = \frac{1}{3}1^3 - \frac{1}{3}0^3 = \frac{1}{3}$$

見ての通り、この方法はこの章の初めに説明した計算に比べ、ずっと直接的である。しかし、その代わり、積分公式に現れる f の**原始函数**（げんしかんすう）と呼ばれる函数 F を見つけなければならないというのが難しいところである。数学者の仕事を複雑にしないために、よく使われる函数の原始函数を示した表があり、それによって、積分公式を機械的に適用できるようになり、数多くの面積の計算を、非常に速く実行できるようになっている。

❖掛谷の問題からまた一歩進んで

　この章の初めに述べたように、針を巧妙に動かすことによって、下図のようにプロペラの各扇形部分の内部に少し空きスペースを作ることは可能である。そこで、今やその新しい面積、つまり、針が回転するために各扇形部分において本当に必要な面積を求めることが問題である。この新しい図形の境界はある曲線であり、私たちが知りたいのは、その曲線で囲まれた部分の面積である。残念ながら、この曲線は、その囲む部分の面積の計算が結構技術的なので、最小値を得られなくても、より馴染みのある曲線である放物線と置き換えるほうが望ましいのである。最終的に得る図形は「放物的扇型付き三角形」[21]つまり、円弧の部分が放物線の弧に置き換わったプロペラである。

　まず難しいのは、この図形を作る時、最も適切な放物線、つまり、プロペラに最も合う放物線を選ぶことである。この放物線は、広すぎると無駄なスペースが大きく、狭すぎても針が回転できなくなる。

広すぎる　　　　適切　　　　狭すぎる

　話を簡単にするために、末端の長さを針の長さの $\frac{1}{3}$ にした、この例におい

---

21) 訳注：原著者による造語「triangle à paraboles」の訳語としては「放物線への三角形」とするべきかもしれないが、著者の意図を汲み、ここでは「放物的扇型付き三角形」とした。

て少し調べてみると、適切な放物線は、次の公式で示されることがわかる：

$$f(x) = \frac{1}{12} - 4x^2.$$

そこで、この函数に、積分計算の原理を適用してみよう。「放物的扇型付き三角形」の面積は、幾何学的な図形に分解するところから始まる：4つの正三角形 (大 1 つ・小 3 つ) と 3 つの放物線的な柱頭。

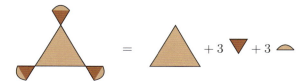

大小それぞれの三角形の面積は基本的な計算で得られ、柱頭部分の面積は積分計算で得られる。実際に、後者は、函数 $f(x) = \frac{1}{12} - 4x^2$ の曲線で囲まれる部分の面積として得られ、以下の図で表される：

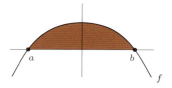

この面積はちょうど、数

$$\int_a^b f$$

となり、これは積分公式を用いて計算される。これを実行するには f の原始函数 F だけでなく、この図形の両端 a と b の値も知らなければならない。函数 $F(x) = \frac{1}{12}x - \frac{4}{3}x^3$ を微分すると f を得、数 a と b については、単純な代数的な計算からその値がわかる——a は $-0.14433\cdots$ となり、b は $0.14433\cdots$ となる。よって積分公式より、この小さな柱頭の面積が計算できる：

$$\int_a^b f = \quad F(b) \quad - \quad F(a)$$
$$= F(0.14\cdots) - F(-0.14\cdots) = 0.01603\cdots$$

　以上のことから、図全体の面積は $0.41296\cdots$ となる。驚くようなことではないが、プロペラの面積が少し減少したことに気付くだろう。もちろん、その差は大したことはないが、今後は、積分計算のおかげで、境界の形が複雑な図形も考えられるようになり、私たちの考察対象が急に拡がったのである！

❖ペンキ塗りのパラドックス

　有限個の壺にあるペンキで、無限に拡がる壁を塗れるか？　なんと驚くことに、答えは「可能」なのである。これが有名なペンキ塗りのパラドックスと呼ばれるもので、面積は有限でも、無限に拡がる壁を作ることができるのだ！つまり、この壁を均等な厚みでペンキを塗るには、有限個のペンキの壺だけで十分なのである。どうして、そんなことが可能なのだろうか？　このパラドックスの鍵は、壁の高さは一定ではなく、どんどん低くなっているということである。よって、右側に移動すればするほど、より少量のペンキで同じ幅の壁を塗ることができる。とは言うものの、壁が無限に続いているということは頭に入れておくべきであり、たとえ必要なペンキの量がどんどん少なくなるとしても、有限の量のペンキで壁全体を塗れるということは、驚くべき事実なのである。

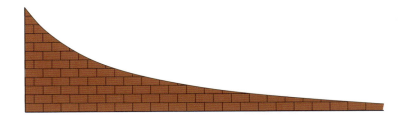

　この逆説的な壁の秘密は、まさにその高さの減少の度合いに隠れている。というのは、高さの減少する壁を作る方法はいくらでもあり、その中のいくつか

のものだけが、壁全体の面積を有限にするのである。数学者は、この壁をある函数の曲線で囲まれた図形とみなすことができ、この問題は、壁の表面積が有限になるような「よい」函数を選ぶ問題に置き換えられる。もちろん、このような形を示す函数はいくらでもあるが、どのような函数を選ぶかによって、この逆説的な壁を定めるかどうかが決まる。私たちのできる最も簡単な例の1つは、平方数の逆数を取る函数、つまり、$f(x) = \dfrac{1}{x^2}$ という函数である。以下の図は、この函数を表す曲線と関連する壁を示すものである。

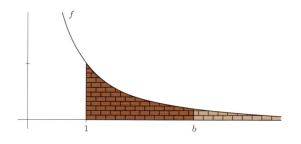

これは、速く減衰する曲線であるが、その理由は次の通りである——数 x が大きければ、つまり、水平方向により右側に動けば、その逆数 $\dfrac{1}{x}$ は小さくなる。この場合のように、数 x が 2 乗で大きくなると、その効果はますます強調されるのである。さて、この壁の左端を何でもよいが、たとえば $x = 1$ であるとし、水平方向 (横軸) 右側を際限なく長く延長しよう。こうなると、後はその面積を計算するだけである。壁の幅が無限大なので、この計算を注意深く実行しなければならない。最初から無限大で始めずに、たとえば x がある値——この値を b とでも呼ぼう——で止まる状況を想像しよう。この時、壁の 1 から b の間にある部分の面積は積分計算の方法によって決まる。正確に言うと、それは次の数で示される。

$$\int_1^b f$$

積分公式によると、この数の計算は、その原始函数、つまり、函数 F であって、その微分が f となるものを決定するだけの問題である。ここでは、この函数を求めること自体は少しも難しくなく、数多くの函数の原始函数の表によ

ると、函数 $F(x) = -\dfrac{1}{x}$ の微分が $f(x) = \dfrac{1}{x^2}$ である。よって、壁の面積を求めるには、$F(1)$ から $F(b)$ を引けばよい：

$$\int_1^b f = 1 - \frac{1}{b}.$$

そこでアイディアとしては、b の値に対応する壁の幅をより長くした時の面積を調べることである。注目すべき点は、以下の表で見てわかるように、この面積はある値に、限りなく近付くことである。

b	2	10	100	1000	10000	$\cdots$	極限にて
$x=1$ から $x=b$ までの壁の面積	0.5	0.9	0.99	0.999	0.9999	$\cdots$	1

b が大きくなると、$x = 1$ から $x = b$ までの壁の面積は、1 という値に、近付けたいだけ近付くことに気付く。極限状態において、すべての壁が塗られた時、この値はちょうど 1 になり、このことから、無限の幅を持つ壁の面積が 1 になることが確認できる。これは、まさに高さと長さが 1 の正方形の壁の面積そのものである。

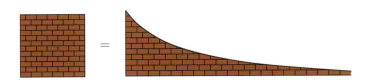

この無限の幅の壁を塗るには、この正方形を塗るのに必要なペンキ以上の量は必要ないのである。ここに、無限に関する多くの驚きの 1 つであるこのパラドックスは、私たちに最初の直感を安易に信じてはいけない、ということを示唆している。つまり、ある対象が無限大であっても、それに付随するあらゆるものも無限大になるとは限らない、ということである。次に、他の例を見せておこう。

またしても、とても具体的な問題である——1 つのケーキをどのようにして、無限にいる客に振る舞えるか？ 無限に客がいるということは、ケーキを均等

に切り分けることができない。この問題の鍵は、無限の幅を持つ壁の場合と少し似ているが、ケーキを切れば切るほどますます小さくなる部分が出てくることにある。ここに、1つの解決法がある。まずはケーキを半分に切り、そのうちの1つを最初の客に与える。次に残りの半分を更に半分に切り、そのうちの1つを2番目の客に与える。そして、この残ったケーキについても、同様のことを繰り返すのである。客のリストのかなり先の方でも、まだケーキは残っており、その次の客には、その残りのまた半分を与えることができる。このようにして、ケーキ全部が振る舞われるだけでなく、無限にいる客にケーキを与えることができるのである。

このことを数学者の視点で考え、1 をケーキ全体の分量とすると、最初の客は $\frac{1}{2}$ を、次の客は $\frac{1}{4}$ を、更に次の客は $\frac{1}{8}$ を $\cdots$、のように与えられることになる。

これらの切り分けたすべてのケーキを合わせると、もとのケーキ全体になることから、次の和

$$\frac{1}{2} + \frac{1}{4} + \frac{1}{8} + \frac{1}{16} + \frac{1}{32} + \frac{1}{64} + \cdots$$

は、1 になる。このような無限個の数からなる和のことを**無限級数**または**無限和**と呼ばれる。ケーキの分割の話の場合、得られた結果は決して当たり前のこ

とではなく、つまり、無限にある数の和が有限の値 1 になるのである。したがって、無限個の和をとった後に、有限の値を得ることがあるということが起こる。この現象には驚くかもしれないが、数字の十進表記で毎日のようにこのような例に出くわしている。たとえば、

$$0.33333\cdots = \frac{1}{3}$$

は、無限和

$$0.3 + 0.03 + 0.003 + 0.0003 + 0.00003 + \cdots$$

が、数 $\frac{1}{3}$ に等しいことを意味する。これはまたしても、無限個の和であっても有限の値に達することがあることを示している。しかし、この現象は常に起こるとは限らない。もし、たとえば定数 1 を足し続けると、和

$$1 + 1 + 1 + 1 + 1 + 1 + \cdots$$

は有限の値を持たない。実際に、もし毎回加える数字が徐々に 0 に近付かなければ、その和が有限の値になることは絶対にない。

より繊細な話になるが、限りなく 0 に近付く数字を加えるということだけでは、その (無限) 和が有限の値になるとは限らない。有名な例では、整数の逆数の和がある：

$$\frac{1}{1} + \frac{1}{2} + \frac{1}{3} + \frac{1}{4} + \frac{1}{5} + \frac{1}{6} + \frac{1}{7} + \cdots$$

この和が有限でないことは、かなり簡単に示され、次のコラム「すべての逆数の和は有限の値にはならない」で説明されている。これは、無限和の微妙さを明らかにしている。たとえ各項が 0 に近付いたとしても、その結果が無限になることはあるのだ。したがって、このような和が存在することから、一見して、その和が有限になるかどうかを判断するのは難しいことなのである。

すべての逆数の和は有限の値にはならない

直感がもたらす考え方とは逆に、逆数の無限和は次の和と同じような性質を持つ：

$$\frac{1}{2} + \frac{1}{2} + \frac{1}{2} + \frac{1}{2} + \frac{1}{2} + \cdots$$

言い換えれば、それは有限の値にはなり得ないということである。この 2 つの和の関係は、以下に示すように、逆数の和をグループ分けするとわかりやすくなる：

$$1 + \frac{1}{2} + \overbrace{\frac{1}{3} + \frac{1}{4}}^{2\text{ 項}} + \overbrace{\frac{1}{5} + \frac{1}{6} + \frac{1}{7} + \frac{1}{8}}^{4\text{ 項}}$$

$$+ \underbrace{\frac{1}{9} + \frac{1}{10} + \frac{1}{11} + \frac{1}{12} + \frac{1}{13} + \frac{1}{14} + \frac{1}{15} + \frac{1}{16}}_{8\text{ 項}} + \cdots$$

この後に続くグループは、16 項、32 項等々からなる。このグループ分けによって、各グループに含まれる数の和は、常に $\frac{1}{2}$ より大きくなっていることがわかる。実際に、

$$1 + \frac{1}{2} > \frac{1}{2}$$

$$\frac{1}{3} + \frac{1}{4} > \frac{1}{4} + \frac{1}{4} = \frac{1}{2}$$

$$\frac{1}{5} + \frac{1}{6} + \frac{1}{7} + \frac{1}{8} > \frac{1}{8} + \frac{1}{8} + \frac{1}{8} + \frac{1}{8} = \frac{1}{2}$$

$$\frac{1}{9} + \frac{1}{10} + \frac{1}{11} + \frac{1}{12} + \frac{1}{13} + \frac{1}{14} + \frac{1}{15} + \frac{1}{16} > \frac{1}{16} + \cdots + \frac{1}{16} = \frac{1}{2}$$

$$\cdots$$

など。

和が $\frac{1}{2}$ より大きくなるすべてのグループが無限にあることから、無限和 $\frac{1}{2} + \frac{1}{3} + \frac{1}{4} + \frac{1}{5} + \cdots$ は有限にはなり得ない。ところが、ある無限和が有限の値になるかどうかを判定するための方法は、数学にはたくさんある。それでも、これらの無限和の研究は、極めて微妙な場合がある。ここに、この問題の複雑さを示す、2 つの例を挙げておこう。もし、逆数の和のうち、次のように 2 項に 1 項を削除すると、

$$\cancel{\frac{1}{1}} + \frac{1}{2} + \cancel{\frac{1}{3}} + \frac{1}{4} + \cancel{\frac{1}{5}} + \frac{1}{6} + \cancel{\frac{1}{7}} + \cdots$$

> 新たにできる和は、偶数の逆数の和で、各項はもとの項を 2 で割ったものとなる。結果的に、これもまた無限となる。しかしながら、もし分数の分母にどこかの位に 1 つでも 9 が現れるものを除いたもの
> $$\frac{1}{1}+\frac{1}{2}+\frac{1}{3}+\frac{1}{4}+\frac{1}{5}+\frac{1}{6}+\frac{1}{7}+\frac{1}{8}+\cancel{\frac{1}{9}}+\frac{1}{10}+\frac{1}{11}+\frac{1}{12}+\frac{1}{13}+\frac{1}{14}$$
> $$+\frac{1}{15}+\frac{1}{16}+\frac{1}{17}+\frac{1}{18}+\cancel{\frac{1}{19}}+\cdots$$
> を考えみよう。その結果なんと、有限の値になるのである！

多くの場合、積分計算によって、こうした無限和の有限性がわかることがある。特に、数学で最も有名な無限和である、平方数の逆数の和がこのよい例である：

$$1+\frac{1}{4}+\frac{1}{9}+\frac{1}{16}+\frac{1}{25}+\frac{1}{36}+\cdots$$

この和が有名なのは、構成される各項の単純さだけでなく、その結果に全く予期せぬ形で数 π が現れるところにある。この神秘的な一致は、整数の 2 乗と有名な数である π との関係が明らかになり、π はまた、円の円周の長さとその直径を関係付けるのである。素晴らしく独創的な論理展開によって、以下の驚嘆すべき等式を確立しながら、この一致を発見したのは、オイラー (Leonhard Euler) であった：

$$1+\frac{1}{4}+\frac{1}{9}+\frac{1}{16}+\frac{1}{25}+\frac{1}{36}+\cdots=\frac{\pi^2}{6}$$

この等式は、整数から出発して、π という数に至る道のようなものだと解釈できる。その優雅さと単純さは、数学者を強烈に魅了し続けており、今もなお種々の疑問の源泉となり続けている：この 2 乗の代わりに、たとえば 3 乗、あるいは 5 乗を考えると何が起きるか？　その答えは誰も知らないのだ。この 2 乗を「任意のべき乗」に変えた時の和は、いまだに数学の中で最も深い問題の 1 つとなっている。この素晴らしい公式の発見は、スイス人数学者のレオンハルト・オイラー、彼 1 人による輝かしい功績であると言っても過言ではない。この類まれな傑出した学者は、事実、当時のすべての数学の分野に

基礎的な貢献をしている。彼の産み出した結果は膨大な量である。というのは、彼の全集の出版はいまだに完結しておらず、これまでに 600 ページの本が 76 冊出版されているが、今後更に 4000 通もの科学上の書簡を載せる必要があるのだ！　この量と、とりわけ彼の仕事の深さによって、全時代を通して、彼は最も偉大な数学者の 1 人として認められている。その時代の人達は、オイラーのことを、仰天するような記憶を持ち合わせた不撓不屈の研究者と称している。とりわけ、彼は 9000 行にもおよぶアエネーイス[22]を丸暗記していたと言われている。また、その偉大さにもかかわらず、オイラーを慕う人達に、彼は非常に優しく、そして近付きやすいように接していた。特に、彼自身の家族の中で、彼の 13 人の子供に対して忍耐強く注意を払っていたことは、有名な話である。亡くなるまでの最後の 12 年は盲目になったが、彼は仕事のペースを落とさず、彼の息子や使用人たちに彼の成果を口述し、書き取らせていた。彼は、1783 年に 76 歳の生涯を閉じた。

　前述した、ケーキの分割の例を思い出してみよう。その無限和は、ケーキの分割によって表現されていたため、その値はひと目でわかった。その反面、オイラーの和については、そのような単純な表現は存在しない。ところが、この和のグラフを用いた視覚化は、面積が和の各項を示す長方形を並べることによって可能となる。より正確に言うと、長方形の幅は常に 1 で高さが順に、$\frac{1}{4}, \frac{1}{9}, \frac{1}{16}$ 等々、となるものを選び、オイラーの和の第 1 項目の 1 は、一旦はずしておく。この無限の階段に、無限の幅の壁の函数 f の曲線を重ね合わせる。

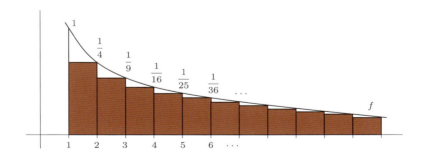

[22]訳注：古代ローマの詩人ウェルギリウス (Publius Vergilius Maro) の叙事詩 (全 12 巻)。

この視覚化によって、残念ながら、平方数の逆数の和と π という数の関係を感じられるわけではないが、積分計算の方法によって、貴重な情報を得られる——決して明らかとは言えない結果、つまりこの無限和は有限の値となるということである。事実、積分計算によって、前述の通り、この曲線の下の部分にある無限の幅の壁の面積がちょうど 1 となることを既に見ている。その結果、このゾーンに完全に含まれる無限の階段の占める面積は 1 より小さくなる。これに、先ほど一旦はずした第 1 項を加えると、次の結果に行き着く：

$$1+\frac{1}{4}+\frac{1}{9}+\frac{1}{16}+\frac{1}{25}+\frac{1}{36}+\cdots \quad \text{は、2 より小さい。}$$

この和が、2 より小さいことから、有限になる。この事実は全く明らかなわけではなく、これについての明白な証明を示すのが、積分学なのである。

La formule de Stokes
ストークスの公式

　微分学が産声をあげた 17 世紀の終わり頃の数学は、私たちが今日知っているものとは相当異なるものであった。世間では、数学の位置付けははっきりせず、職業としての数学者は、非常に特別で稀な存在であった。数学的な活動は時間がある時のする娯楽として、あるいは、学校や大学で教わるものとして行われていた。たとえば、偉大な数学者ピエール・ド・フェルマーはトゥールーズ (Toulouse) 議会の最高裁判所長官という職業を持っており、その仕事は、被告人の死刑判決をも下せる立場にあった。ジョン・ワォリス (John Wallis) は、フェルマーが、ある神父の職権濫用(らんよう)に関する厄介な 1 件で忙しかったせいで、彼とは会えなかったと報告している。フェルマーは最終的に、『過ちを犯した神父を火炙りの刑に処す』という判決を下し、世間は大騒ぎになった。ライプニッツ自身も、ハノーバー (Hannover) の王子に仕えルイ 14 世の相手をする外交官として働いており、その任務は、ドイツを脅(おびや)かしていたこの太陽王[23]の好戦的な目を、オットマン (Ottmans)[24] に向けることであった。もちろん、17 世紀当時、教育を受けることができたのは、ごく一握りの特権階級の人達だけだったので、数学的な活動はそのような人達に限られていた。あの偉大なニュートンでさえも、大学に行くことは容易ではなかったのだ。地主の比較的裕福な家の出身であっても、彼は勤労学生の身分を受け入れるという条件付きで入学が許可されたにすぎなかった。彼は、彼よりも裕福な家の出身の学生に仕えた。食事を準備したり、部屋の掃除をしたり、汚物の処理までも行ったのだ。それに加えて、地位の高い同級生の食事に、立ったまま付き合う義務があったのだ。こうして大学においてまでも、当時の社会的な階層のピラミッドに従わされるのであった。なるほど実に、大多数の識者はブルジョワ

---

[23] 訳注：ルイ 14 世の呼称。
[24] 訳注：オスマン帝国のこと。

か貴族の重要な家の出身なのである。デカルトは、ペロン (Perron) の君主というちょっとした貴族階級であり、それを人々に知ってもらうことを好んだ。微分学に関する初めての本の著者であるギョーム・ド・ロピタルはサン・メンム (Saint-Même) の侯爵であり、かつオントゥルモン (Entremont) の伯爵でもあった。ピエール・ド・フェルマーに至っては、判事として法服貴族の身分にあった。貴族階級に属することで、あらゆることが簡単になり、ライプニッツの発見に関する最初の本を出版したのが、(ロピタル) 侯爵であったことは全くの偶然というわけではないのだ。それにもかかわらず、ジル・ペルソンヌ・ド・ロベールヴァル (Gilles Personne de Roberval) は質素な家の出身であったことに言及しておこう。

　知識が広く普及している今日では、数学者の出身の社会的階級は実に多様で、大きな貴族の家系であるかどうかは、もはや問題とはならない。しかも、偉大な数学者のいる国で、貴族の出身ではない数学者に授爵する[25]という逆転現象さえ見受けられる。たとえば、非常に有名なフェルマーの大定理を証明したアンドリュー・ワイルズは、2000 年に大英帝国勲章をイギリス女王から与えられている！　この章でよく名前が出てくるストークス (Stokes) は、ワイルズ以前に勲章を受けており、彼自身があの有名な**ストークスの公式**に自分の名前を付けた。ジョージ・ストークスはアイルランドの比較的質素な家庭で育ち、彼の父親が羊飼いで母親は羊飼いの娘であった。輝かしい成績を収めた後、英国最大の物理学者の 1 人になるまで時間はかからなかった。ワイルズと同じように、彼は 1889 年に準男爵サー (Sir) を授爵し、サー・ジョージ・ガブリエル・ストークス (Sir George Gabriel Stokes) となった。

　彼の名を冠する、その有名な公式は何を主張しているのだろうか？　具体的な式については、後で紹介することにするが、平面図形を囲む輪郭線から面積を計算する直接的で優美な方法を示しており、特に、掛谷の問題を扱うには相応しい道具である。というのは、今までに扱ったすべての図形で囲まれる部分の面積を与えるだけでなく、平面図形を囲む輪郭線の形がより複雑なものに対しても同様に、その面積を与えることができるからである。そして、積分学

---

[25] 訳注：爵位を授けること。

の王道を歩み、その限界を押し拡げている。積分は実際に、とても特殊な領域にのみ適用できるが、それは、ある函数を表す曲線の下の部分の面積である。ところで、函数の曲線の概念の中には、逆戻りすることがない展開という考え方がある。

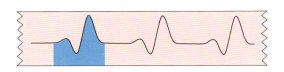

　積分による面積の計算で関わるのは、つまり上の左の図の青い色の影がついている部分のようなタイプのものである。ある領域の面積は、一般には計算可能であるが、ある函数で表される曲線で囲まれる部分を計算するには、厄介な分割が必要とされる。この各部分の面積は、積分による方法で計算でき、その結果を単純に足し合わせれば、全体の面積を計算できる。

　ストークスの公式により、閉じた曲線の内部の図形の面積を直接的な計算で求めることができる。掛谷の問題のように、絶えずこのような領域に直面する状況では、これは理想的な公式である。そして、このような曲線に沿って動くものに対し、その出発点を見つけながら、内部の領域の面積の計算を可能にする。しかも、概念的な見方をすると、とても興味深いものである。なぜならば、これは領域の周囲とその内部の間に存在するすべての関係性を明らかにするからである。この公式は、比較的直感的な事実にスポットを当てる。ある図形の輪郭線を知るということは、その内部を知るということである。

❖ 測量技師による方法

　この考え方を基に、具体的には、ある図形の面積を、その境界上の単純なルートからどのようにして計算できるのだろうか？　では、問題なく面積を計

算できる、正方形から作られる図を見てみよう。

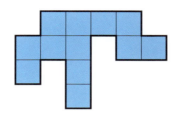

実際に、この面積は正方形の数を数えれば決定できるが、このような方法では、図の輪郭線ではなく、内部に着目しているだけである。したがって結果的に、ストークスの公式ではなく、積分方法の考え方に留まっていることになる。しかしながら、この図形の内部を全く考えないで、この面積を求める方法が存在する。単純な足し算や引き算を実行しながら、その周囲を計測することができるのである。

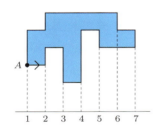 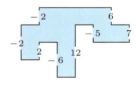

このルートに沿って、足し算や引き算を鉛直方向の辺と出会うたびに行う。左の図のように、各鉛直方向の辺は、その水平方向の位置によって、番号付けられているものとする。たとえば、点 A を出発点とし、以下のプロセスに従い進んでみよう：

(1) 水平方向に動くので、0 と数える。
(2) 2 番目の鉛直方向を 1 ボックス分登るので、$+1 \times 2$ と数える。
(3) 水平方向なので、0 と数える。
(4) 3 番目の鉛直方向を 2 ボックス分降りるので、-2×3 と数える。
(5) 水平方向なので、0 と数える。

(6) 4 番目の鉛直方向を 3 ボックス分登るので、$+3 \times 4$ と数える。

(7) 以下同様。

これらをすべてを足すと、この図形の面積を表す値が得られる：

$$面積 = 2 - 6 + 12 - 5 + 7 + 6 - 2 - 2 = 12.$$

この結果は、この図を構成している正方形の個数に等しいことが分かる。このように、輪郭線に沿って得られた情報から、その領域の面積を求めることができる。実は、正方形からなるどのような複雑な図形に対しても、この方法を適用することができ、その図形の面積を求められることが実際に証明できるのである。以下、本書では、これを**測量技師の方法**と呼ぶことにする。

さて、どのようにして、水平方向および鉛直方向の線分だけをつなげてできる曲線で囲まれる図形から、より広いあらゆる曲線で囲まれた図形のカテゴリーに移行するのだろうか？ 言い換えれば、測量技師の方法をどのように一般化するか？ ということである。このような一般化を可能にするのは、まさにストークスの公式であるが、それを実現するにはある難関を突破する必要がある。つまり、曲線を《測る》ということを、数学的に記述できなければならないのである。

❖ ストークスの発見

ここまでは、学習してきた曲線はそれぞれある函数を表し、このことが、この曲線が逆戻りすることを阻んでいた。実際、x の各値に対し、曲線上の 1 つの点だけが対応するのである。以下の曲線 (65 ページ上の図) のうち、最初の曲線はある函数を表しているが、その他の 2 つの曲線はそうではない。私たちは今から、右端にあるループを例とする、螺旋形や分岐点を持つようなより一般的な曲線に直面するのである。このような曲線を、数学的にはどのように記述するかが問題になる。

特に、輪郭線は必然的に逆戻りし、1 つの函数のみを用いてこの曲線を表示することはできない。この難点を解消するために、測量技師の方法で見たように、経路を水平方向と鉛直方向に分けるのである。マス目の中では、たとえば

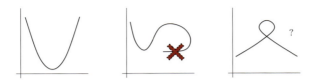

　1 目盛り分進み、2 目盛り分上るというように、鉛直方向と水平方向の動きは両方交互に起こる。ループがある場合、両方の動きが同時に、かつ連続的に起こる。この両方の動きを、それぞれ表現しようとすると、2 つの曲線が現れる。つまり、2 つの函数が作られる。これらを X (水平方向)、Y (鉛直方向) と呼ぼう。以下の図は、曲線の経路がループを描く時の水平方向の動き、つまり函数 X を表している[26]。

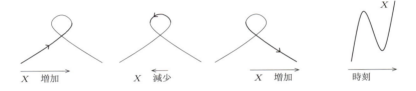

　最も右側にある曲線は、水平方向 (X) の変動を時間経過と共に再生しており、X の最初の 3 つの図が示すように、この曲線は最初は上り、次に下り、そして再び上っている。鉛直方向 (Y) では、この動きは 1 つは上り、もう 1 つは下る、という 2 つのものに集約され、その結果、得られる曲線は放物線をひっくり返した形をしている。

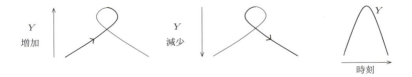

　これらの函数 X と Y は、極めて重大な役割を果たす。なぜならば、函数 X

---

[26] 訳注：左の 3 つの図は、函数 X の動きを分析するための図であり、右端の図は函数 X のグラフである。

と Y を用いてストークスの公式を適用することにより、その表す曲線によって囲まれる部分の面積を計算することができるからである。函数 X と Y には、ループの**エンコーディング**[27]という別の役割もある。言い換えれば、これらの函数からもとの曲線を完全に復元でき、完璧に記述することができる。

階段状の図形の場合、測量技師の方法は、その輪郭について細かく知る必要があった。ループの形の場合、この正確な輪郭に関する情報は、数学的な表示である 2 つの函数 X と Y によって示される。ここでは詳細には立ち入らないが、私たちがこれから計算するループについての表示は、X が $x^3 - x$、Y が $1 - x^2$ で示される[28]。

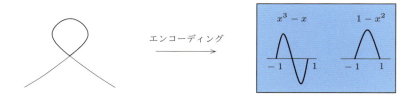

輪郭線を知るということは、領域そのものを知ることである。したがって、これら 2 つの函数のデータは、この領域の面積を計算するには十分で、これがまさに、ストークスの公式の提唱するところであり、以下のように記述される：

- Y の導函数を計算することから始める。
- この導函数 Y' と函数 X の積を取り、函数 XY' を得る。

---

27) 訳注：あるデータを別のデータに変換すること。
28) 訳注：ここで与えられている表示はいくつかあるもののうち、簡単なものの 1 つである。

・この新しい函数の積分を計算する。

より数学的には、ストークスの公式は次ののように書ける：

$$\text{領域の面積} = \int_a^b X(x)Y'(x)\,\mathrm{d}x$$

公式に現れている値 a と b は x を制限するものであり、たとえば前述のループの場合、その値はそれぞれ -1 と 1 である。私たちは、この輪郭線と内部の関係をより一層明確にする形で、この公式はしばしば次のように表される：

$$\text{面積}(\bigcirc) = \int_\bigcirc XY'$$

これを、**輪郭線に沿っての XY' の積分**と読む。このようにして、ループを表示する 2 つの函数 X と Y を知ることにより、ある積分を計算する段階に至り、ループで囲まれた部分の面積を計算することができる——積分される函数 f は、2 つの函数 X と Y' の積に他ならない。ループの場合、この積分は簡単に実行でき、以下の結果を得る：

$$\text{ループで囲まれた部分の面積} = \int_{-1}^1 f = \frac{8}{15}.$$

この計算は次のコラム「ループで囲まれる部分の面積の計算」で実行されており、すべての詳細を含んでいる。

ループで囲まれる部分の面積の計算

一度エンコーディングされたら、ストークスの公式から、ループで囲まれる部分の面積は積分によって得られる：

$$\int_{-1}^1 X(x)Y'(x)\,\mathrm{d}x.$$

ただし、函数 X および Y はそれぞれ $x^3 - x$ と $1 - x^2$ を表すものとする。函数 $1 - x^2$ の微分は $-2x$ であり、結果的に、積 XY' は $(x^3 - x) \times (-2x)$、つまり、$2x^2 - 2x^4$ と書ける。わかりやすくするために、積 XY' を f で表すことにする。

この場合、
$$f(x) = 2x^2 - 2x^4$$
となる。後はこの函数 f の値 -1 から 1 における積分を計算すればよい。そのためには、その導函数が f になるような函数 F を計算すればよい。次に表される函数 $F(x) = \frac{2}{3}x^3 - \frac{2}{5}x^5$ はそのような例の1つであり、次の図式で確認できる：

$$F(x) = \frac{2}{3}x^3 - \frac{2}{5}x^5$$
微分　↓　　↓　　↓
$$f(x) = \frac{2}{3}3x^2 - \frac{2}{5}5x^4$$

ループで囲まれる部分の面積は、したがって、
$$F(1) - F(-1) = \left(\frac{2}{3}1^3 - \frac{2}{5}1^5\right) - \left(\frac{2}{3}(-1)^3 - \frac{2}{5}(-1)^5\right) = \frac{8}{15}$$
となる。以下の図は、この結果を、ループで囲まれた部分の面積と、1辺の長さが1の正方形の面積を比較する形で示している。このループで囲まれた部分の面積は、正方形の面積の半分よりも若干大きいことがわかる。

　曲線をこのように、2つの函数 X と Y で表したものを、通常**曲線のパラメーター表示**と呼び、一般に、経路の各時点を表す未知数 x は t と書かれることが多い。したがって、ループを表す函数 X と Y はそれぞれ $t^3 - t, 1 - t^2$ と書かれる。$t = 0$ の時点では、各座標が $X = 0$ と $Y = 1$ で表される点、つまり、この曲線の頂点であり、$t = 1$ の時点では、点 $X = 0$ と $Y = 0$ である。この点は、このループの交点であり、$t = -1$ の時点でも同じ点となる。この、ループを含む曲線を表す式は、函数 X と Y の定める点の、時間の経過と共に移動する様子を表す。この曲線のパラメーター表示は、定義より、自然に運動の概念も含んでおり、特に、惑星の軌道や素粒子の軌跡などの、物理における重要な法則に応用するのに適している。

ストークスの公式

　測量技師の方法による面積を求める公式とストークスの公式を眺めても、すぐには気付かないが、この 2 つの公式を関連付ける重要な関係が存在している。一見したところ、この関係は見えないが、以下の表にはっきり現れている：

測量技師の方法による公式	ストークスの公式
水平方向と鉛直方向の経路を区別する。	2 つの函数 X および Y にエンコーディングする。
各ステップ毎に、位置 X と高さの積を取る。	函数 X と導函数 Y' の積を取る。
経路に沿って和を取る。	経路に沿って和《積分》を取る。

　特に、ストークスの公式の図形部分を階段状の図形に適用すると、測量技師の方法による面積の計算と同じものを論理的に再現できるのである。

$$\text{面積}(\,\rule{1em}{0.6em}\,) = \int_{\rule{1em}{0.6em}} XY' = 2 - 6 + 12 - 5 + 7 + 6 - 2 - 2$$

　実際には、階段状の形をした領域の面積の計算をする場合には、この 2 つの方法は同じである。しかしもちろん、ストークスの公式の適用範囲はこのタイプの領域に留まらない。この公式は、測量技師の方法を一般化していると言われ、それは、実に多様な輪郭線に対して適用可能なのである。

❖掛谷の問題から更に一歩進んで

　ストークスの公式はその大いなる一般性から、掛谷の問題に答えるための新しい図形を考えるには理想的な道具となる。ここまで考察した中で最も適した図形は、「放物的扇型付き三角形」という新しい針の動きから得られたものである。それは単に (針を) 回転させるだけでなく、針の端を辺に沿って滑らせることによって得られたものであった。三角形全体をスウィングしながら針を各頂点において回転させると、各頂点に小さなループが現れる。次の図 (70 ページ上の図) では、三角形に針の $\frac{3}{4}$ が入っており、残りの $\frac{1}{4}$ は小さなループの中に収っている。

　ストークスの公式により、簡単にループの囲む部分の面積を求められるの

　で、今の問題は、ループのサイズを、針の描く領域にピッタリと合うように調整することである。ストークスの公式を用いると、この新しい形の面積は問題なく計算できる。しかし、簡略化するには不安な要素がある。そこで、三角形の端にある3つの小さな雫型を、前に勉強し面積の求め方がわかっている3つのループに置き換えてみよう。上記の右の図は、置き換えた結果の図形である。これを「ループ付き三角形」29) と呼ぼう。それぞれのループは、雫型を囲みこむような置かれている。それでもやはり、この置き換えによって掛谷の問題を進展させるために十分小さなものを探したい。すなわち今の問題は、針の描く図形に最も密着するループのサイズをいかに探すかである。

　この作業はとても簡単に実現できることがわかる。つまりループを縮めていく、要するに、単純に函数 X と Y を《縮めていけば》よいのである。たとえば、ループの高さ30) を $\frac{1}{4}$ にしたければ、函数 Y を 4 で割ればよいのである。後は、ループの幅を調整すればよい、つまり、函数 X をいくらで割るかを選べばいいだけである。いくつか試してみると、5 で割るのが適当であるということがわかる。

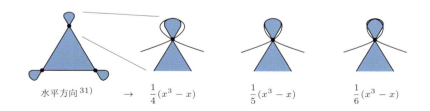

水平方向31)　　→　$\frac{1}{4}(x^3 - x)$　　　$\frac{1}{5}(x^3 - x)$　　　$\frac{1}{6}(x^3 - x)$

---

29) 訳注：原著者による造語「triangle à boucles」の訳者による造語。

30) 訳注：この場合、ループの高さとは、三角形の各頂点から延びる直線で、ループをちょうど半分に分割する線分の長さのことを指す。

31) 訳注：黒い太線で描かれる曲線の水平方向を表す式 X。

以上のような考察を経て、私たちが選んだループは、次の関数で記述される：
$$X \cdots \frac{1}{5}(x^3 - x), \qquad Y \cdots \frac{1}{4}(1 - x^2).$$

このようなループを正三角形の各頂点に置くことにより、針の回転が可能な「ループ付き三角形」を得る。

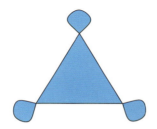

これらの 3 つのループは、それぞれ前段落で述べたループを水平方向に $\frac{1}{5}$ 倍、鉛直方向に $\frac{1}{4}$ 倍の倍率に縮小したもので、したがってその面積は 20 ($= 4 \times 5$) で割ったものとなる。もとのループの面積は $\frac{8}{15}$ だったので、このようにして作られたループが囲む面積は、次のようになる：
$$\frac{8}{15} \Big/ 20 = \frac{2}{75}.$$

したがって、上図の面積は、3 つのループの面積に正三角形の面積を加えたものとなる：

$$\text{「ループ付き三角形」の面積} = 0.40475 \cdots$$

したがって、$0.41296 \cdots$ の面積を持つ「放物的扇型付き三角形」は、僅かながら「ループ付き三角形」の面積より大きい。より興味深いのは、$0.40475 \cdots$ という値は、新たな挑戦の側面を見せてくれることだ：掛谷の問題の解を与えると思われた最初の図形は、面積が $\frac{\pi}{4}$ の円板だったことを覚えていると思う。その円板の半分の面積が $\frac{\pi}{8} = 0.39269 \cdots$ である。偶然にも、この値はちょうど、デルトイドの面積である。半円盤の面積より小さく、しかも針をその内部で 1 回転できるような図形を見つけることは、つまり、掛谷が最良である

と思っていたものより、更に適切な図形を発見することなのである。

ここまで展開してきたすべての考え方を用いても、この挑戦に答えることはできないことがわかる。したがって、この挑戦を次章で取り上げることにする。

❖ しゃぼん玉

数学の非常に深い問題は、しばしば大変古い問題が起源となっている。かの有名な**等周問題**がこれに当たり、そのルーツは太古の昔の神話である、カルタゴ (Carthage) の建国にまで遡る。この神話によると、テュロス (Tyros)[32] の国王の娘、ディードー (Dido) は国王の死後女王となるが、彼女は兄のピグマリオン (Pygmalion) に命を狙われ、一部のテュロスの家臣と共に、急遽逃亡せざるを得なくなった。数々の冒険の後に、彼らはついにアフリカの海岸に入港し、この地の王であるイアルバース (Hiarbas) に、この地に留まるために、土地の分与を求めた。強欲なこの王は彼らに《1頭の牛の革で作りだせるだけの土地を与える》ことを約束した。ディードー女王はこの話を誠実に聞き入れ、彼女は牛の革を非常に細い紐状に切り、その端と端をつなぎながら、広大な領土を獲得することができた。かくして、カルタゴが生まれたのだ。

ディードー女王の問題は、牛の革を紐状に切り、その決められた長さの紐で、最も広い面積を持つ平面をどのように囲むかであった。神話によると、その他の多くのアイディアが申し出られたにもかかわらず、ディードー女王は、紐を円弧を描くように置くことを選んだのである。

女王の選択は当たり前のように思えるかもしれないが、きちんと証明するのはそれほど簡単なことではなく、後述する数学的な問題で、等周問題と呼ばれるものの1つである：

---

[32] 訳注：現在のレバノン。

　周囲の長さを決められた図形の中で、その内部の面積が最大となるものを求めよ。

したがって、等周問題はディードー女王の問題とは少し異なる。等周問題では、紐の全長である周囲の長さは常に一定だが、女王の問題と異なるのは、輪郭線は閉じていなければならないということである。このように問題を定式化したのは、言わば問題の単純化のためであり、求める図形は海岸線のような特別な形をしたものとつなげるようなものではない。つまり、等周問題はこのような制約条件に縛られることなく、ある意味で普遍的であり絶対的なものである。

　等周問題の解は、思いつくものの中で最も単純なものである――与えられた周囲の長さに対し、その囲む部分の面積が最大になるものは円である。しかしながら、この単純明快な結果に対し、その証明は単純ではない。実際、厳密な証明は極端に難しく、数多くの数学者の努力を必要としたのである。この問題の難しさは、可能な図形の種類が無限にあることに集約される。これらの図形の中に円盤以上に効率的な候補が「存在しないこと」を、何を根拠に確信するのか？　1つの解を見つけるべく、古代より数学者は数多くの議論に身を委ねたが、19世紀末頃まで、確信の持てる証明には至らなかった。ここでは、その証明を割愛するが、むしろこの問題に取り組むための可能性を想像してみよう。等周問題は、輪郭線とその内部を関係付けるものであるが、そうなるともちろん、私たちが考えつくのはストークスの公式である。実は、現在知られている最もエレガントな証明は、この公式から直接導かれるものであり、

その証明は、ミハイル・グロモフ (Mikhaïl Gromov) により 1986 年に発見された[33]。それは、最初の厳密な証明から 1 世紀後のことで、最も自然な方法は、必ずしも一番最初に実行できたものとは限らないのである。

しかし、同じ質問を 3 次元の空間でするとしたら、どうなるのだろうか？表面積を決めた時、その面で囲まれた立体の内部の体積が最も大きくなるものは何か？

 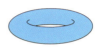

ここでもまた、この問題の難しさは、無限にある図形の可能性 (そのうちの 3 つのものを上に挙げている) にあり、またしても、最良の解は最も自然なもの、つまり、球面なのである。この結果の証明は、想像はつくものの、すぐにできる証明からはほど遠い。図形の表面、その《表皮》の部分と、その体積の間の関係を発見する必要があるのである。つまり、ここで適切な道具は 3 次元版のストークスの公式である：

体積( ) = ストークスの公式を右図の表面部分に適用

そのような公式は存在し、それはこの章で紹介した公式を 3 次元へ拡張したものである。この新しい公式により、上で述べたエレガントな証明は、そのまま適用できる。すなわち、3 次元版の等周問題を解く際に鍵となるのは、またしてもストークスの公式である。誰もが球であることを認識できるシャボン玉を観察してみれば、この結果を確信できる。しかし、2 つのシャボン玉の場合を考えると、ことは急に複雑になる。つまり、等周問題を 2 つの体積の場合に考えるのである――表面積の総和が一定であり、かつ 2 つの体積が等しいシャボン玉の中で、その体積が最大になるものは何か？

---

[33]訳注：M. Gromov, *Isoperimetric inequalities in Riemannian Manifolds*, pp. 114–129, *in* Lect. Notes in Math. **1200**, 1986.

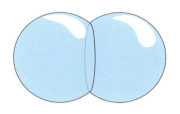 

　無限にある可能性の中で、左の図のような 2 つのシャボン玉が実はその解となる。これは、連結した 2 つの球であり、1 つの平らなフィルムで分離されており、自然界で簡単に観察できる配置である。右側の図は、トーラス[34]にはめ込まれた球を表している。これは、少し予想外のもう 1 つの可能性であり、最良のものではないが、2 つの体積は等しい。2 つのシャボン玉と異なり、これは自然界では見られない。たとえ、この 2 つのシャボン玉の解が視覚的に明らかだとしても、そのことを証明する、つまり他のすべての候補を除外することが簡単であると思ってはならない。この等周問題のごく簡単な変形は、実際には極端に難しいことがわかる。数学者が、解決に至ったのはごく最近であり、その証明は 2000 年に出版されたばかりである[35]。

　2 つのシャボン玉に留まる理由は全くないが、予想通り、3 つの同じ体積を持つものに対する等周問題は、いまだに答えが見つかっていない。シャボン玉のはり付き方を観察していると、1 つの可能な解を思い付く——それは、3 つのシャボン玉である。もちろん、この 3 つのシャボン玉の形が自然界で実現するからといって、この 3 つがそれぞれ等しい体積に最適な方法で分けられていることを示すものでは全くない。これが等周問題のもどかしい一面で、解の候補の視覚化は、この問題の解決には何の役にも立たないのである。

---

[34] 訳注：ドーナツ型の表面が作る曲面のこと。

[35] 訳注：J. Hass and R. Schlafly, *Double Bubbles Minimize*, Ann. Math. **151** (2000), 459–515.

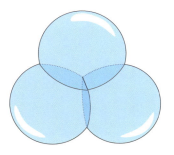

　しかしながら、4次元空間に移行して考えてみると、つまり、2あるいは3次元という感覚で捉えることのできる空間ではなく、4次元空間という実体として感じることのできない空間で問題を考えようとしたら、前述のように視覚化によって惑わされることはなくなる。4次元空間では、等周問題は、2次元や3次元のような感覚のある空間の場合と同様の方法で記述できる——どのようにして最も効率的に4次元空間の一部分を3次元空間で囲むか？

　4次元というものは、私たちの日常生活において全く現実離れしており、この問題に使われている各用語に対し、機知に富んだ作業が必要となる。たとえば、空間の一部分が何を指すか、あるいはそれが効率的であることを、どのように測るか等を想像するのは容易なことではない。しかし、この4次元の空間がどのようなものであるかを、真に視覚化してではなく、以下のような考え方をすることによって、想像することは可能である。2次元の空間とは平面空間であり、これを3次元空間に変換するには、《高さの方向に押し進め》ればよい。これを拡張して、4次元空間とは、3次元空間から別の《高さの方向に押し進め》たものである。

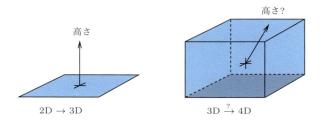

　問題の高さは、もとの空間の外にあるものでなければならず、それはたとえ

ば本のページから垂直方向に向かっている矢印のようなものとみなせる。このような、平面に収まらない空間にあるオブジェの表示は非常に微妙なものがある。というのは、それを紙の上で描かないといけないからである。以下の図では、円、球、そして**超球**と呼ばれる 4 次元空間における球のようなものを表している。しかし、この最後のオブジェの表示は、わかりやすいものとは言えないだろう。

 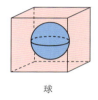

　　　　　　円　　　　　　　　　　　球　　　　　　　　　　　超球

　上の 3 つのオブジェに共通するものは、それらの定義であり、ただ考察する空間が変わるだけである。実際に、これらは 1 つの中心となる点から等距離にある点から成り立っている。2 次元では、それは円となり、3 次元では、球となり、そして 4 次元では、超球となるのである。では、どうすれば、超球についてのもっと雄弁な表現を得られるだろうか？ つまり、よりわかりやすく語ってくれる表現を、どうしたら見つけられるだろうか？ この疑問に答えるために、次のことを補足しておくことは重要である——4 次元の空間そのものが問題になるのではなく、それはむしろ、3 次元空間から 4 次元空間への移行操作、つまり、1 次元付け加えることが問題になっているのだ。1 次元加えるということは、普通の空間の中では楽に実現できる操作である。たとえば、上の図で、円から球に移行する時に行っていることが、まさにこの操作である。この移行操作を注意深く調べると、同じような単純なプロセスを経て、超球に辿り着く。もし、想像力を働かせ、2 次元空間で生活をしている仮想人物、つまり厚みがなく完全な平面にいる人物を思い描くと、この人物は、3 次元の空間の中に《存在している》球を見ることはできないだろう。3 次元の空間において、私たちが超球を想像する時に経験するような難しさに、この想像上の住民は、より低い次元で同じような困難に直面するであろう。しかし、この架空の人物にも、その人物が存在している平面と接するという条件の下

で、球についての正確なアイディアを与える方法が存在する。より正確に言うと、この球面において、この人物の存在している平らな空間を、徐々に通過させていくのである。そうすると、これは連続的につながった円のような印象を与えるだろう。

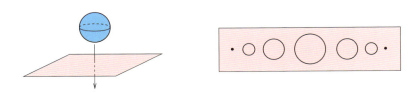

よってここに、2次元の住民にとって、球面を観る方法——それは映画を上映するような方法で、まず、点のような小さな円が現れ、徐々に大きくなり、それが消えるまで徐々に小さくなる、というものである。このような表示のプロセスを、ここでは《シネマ (cinéma)》と呼ぶ。3次元の空間の中に存在している私たちにとって、この球を復元するために、このシネマにある円を、3次元目の方向に沿って、積み重ねることは可能である。

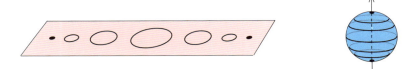

同様に、もし私たちの3次元の空間を通過する超球を想像するとしたら、できるシネマは、次のようなものだろう：

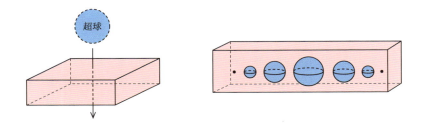

4次元空間の住民は、何の問題もなく、このシネマに現れる球を4次元目の方向に沿って積み重ね、超球全体を再構成し、それを大域的に把握することができるであろう。2次元と3次元で起こったことと全く同じように、彼らは、4次元空間の一部分を包み込むオブジェを観るであろう。私たちの住む3次元の世界では、このシネマは超球を忠実に表現しており、4次元空間の1つの見方を示している。それ以上に、4次元空間にあるオブジェは、理解不能なわけではないということを示している。数学者はこのことをかなり以前から知っており、だからこそ彼らの知的活動は、2次元や3次元に留まらず、4次元あるいはそれより大きい次元にまで至っているのである。大きな次元については割愛し、次のように簡単に言及しておこう——1次元を加えるということは、2次元から3次元への移行の完全な類似である。各次元に超球があり、それは1つ前の次元の超球を積み重ねたもののように観ることができる。

すべての次元における、空間の最も大きな一部分を囲む図形を求めるという、等周問題に戻ってみよう。すると、2次元と3次元の場合の類似により、自然に超球を優先候補として選ぶようになる。この直感は当たっており、数学者は次のように述べられる一般的な結果を示したのである：

> 任意の次元の空間において、与えられた空間の一部分を最も効率的に囲むのは、超球である。

2次元や3次元の場合に紹介したストークスの公式をあらゆる次元で成り立つように拡張することにより、この結果をエレガントな方法で示すことが可能になる。つまり、この章で紹介した「ストークスの公式」はあらゆる次元におけるストークスの公式の特別な場合にすぎない。この特別な場合、つまり2次元の場合のストークスの公式は通常、グリーン–リーマン (Green–Riemann) の公式と呼ばれている。

Les équations différentielles
微分方程式

　微分方程式は、天体の動き、電気の法則、また、個体群動態論など、科学のありとあらゆる分野に顔を出す。最初に微分方程式が現れたのは、ニュートンやライプニッツによる微分学とほぼ同時期の 1700 年頃であり、それにより、基礎的な法則を用いて太陽の周りの惑星の軌道を割り出すことができるようになった。そしてまた、ある時刻における各惑星の位置と速度がわかれば、半永久的にそれらの軌道を予測できることがわかったのである。18 世紀には、決定論的観念に対する絶対的な信仰が始まった。すなわちそれは、すべての自然現象を微分方程式の言葉に翻訳することであり、与えられた条件下で、それぞれの現象の過去または未来における、時間による変化の様子を記述することができるようになる。偉大な数学者にして哲学者でもあったピエール・シモーヌ・ラプラス (Pierre Simone Laplace) による次の有名な文章は、この発見がもたらした計り知れないほどの大きな期待を示すものである[36]：

> 空気中の分子や蒸気の描く曲線は、惑星の軌道と同じように決まる (中略)。大自然の営みを支配するあらゆる力と、それを構成するあらゆる存在のそれぞれの状況を知ることができる智慧、それは、1 つの公式を用いることにより把握できる。宇宙における最も大きな天体から最も軽い原子に至るまで、ありとあらゆる物体の動きを知ることができるのだ——何も不確かなことはなく、過去と同様未来までもが、目の前に示されるのだ。

　このプログラム[37] は、初期の頃から絶えず顕著な成功を収めている。最も注目に値するものの 1 つに、海王星の存在の予想がある。この新しい惑星を観察するには、計算によって想定される方向に、望遠鏡を向けるだけで十分で

---

[36] 訳注：『*Essaie Philosophique sur les Probabilités*』より引用。
[37] 訳注：自然現象を微分方程式の言葉で記述する、という方向性のこと。

あった。しかしながら、この決定論的なプログラムのしっかりした基礎に対し、最初に不確定要素を観ることになるのは、まさにこの太陽系の研究においてである。実際に、長期間に亘るこれらの惑星の動きを調べているうちに、数学者アンリ・ポアンカレ[38] (Henri Poincaré) は、カオス的な現象[39] の存在を発見したのである。それは、決定論主義と矛盾するものではないが、最初に突き当たった限界である。

微分方程式の本質は、中学校で学ぶ代数方程式とは根本的に異なる。代数方程式は、文字 x で記号化される未知数を用いて表されており、私たちは代数的な計算、つまり、四則演算(加減乗除)とべき根を取る操作の組み合わせでできる演算によって未知数の値を決定しようとするのである。たとえば、方程式 $2x - 1 = 0$ は解 $x = \dfrac{1}{2}$ を持つ。微分方程式においては、未知のものは、もはや単なる数字ではなく、文字 f で記号化される函数そのものとなる。その上、微分方程式はその名の示す通り、微分計算、つまり導函数を介入させるのである。例として、微分方程式 $2f' - f = 0$ をあげよう。これは、「函数 f であって、その導函数の 2 倍に等しくなるようなものを求めよ」ということを意味する。このような方程式を解くこと、つまり未知函数 f を求めることは、数学者の手腕、裁量に依存する。もちろん、すべての微分方程式が同じように難しいわけではない。ある種のかなり単純なものは、代数方程式を解く場合と似通った簡単な作業で解ける一方で、あらゆる解法を駆使しても、解けないものもある。

ナヴィエ–ストークス (Navier–Stokes) の方程式は、まさにこの後者のタイプである。この方程式は天気予報、航空力学、より一般的には流体の運動のような自然現象の記述に中心的な役割を果たしている。それにもかかわらず、現在においても、この方程式を満足のいくように扱える状況からはほど遠い。事実、研究者は、突飛に思えるがより根本的な問題に突き当たっている――ナヴィエ–ストークスの方程式は解を持つかどうかという問題である。つまり、

---

[38] 訳注:いとこの Raymond Poincaré (レイモン・ポアンカレ) は第 3 次フランス共和国の大統領になった人として有名である。

[39] 訳注:大雑把に述べると、ある時点での情報が少し変わっただけで、その後に起こる現象に大幅に差が出てくるような複雑な現象のこと。

私たちは自然界で、あらゆる種類の流れを難なく観察できるが、ナヴィエ–ストークスの方程式から出発して、これらの現象を数学的に再発見することは、信じ難いほど困難を極めるのである。この問題は、数学界に提起されている最も難しい問題の 1 つである——クレイ基金から 100 万ドルの賞金が懸っている 7 つのミレニアム問題のうちの 1 つであり、それはまさに、これらの有名な方程式の秘密を暴くことなのである。

❖三芒形 (デルトイド)

掛谷の問題への新しい着手法は、微分方程式によって自然に導かれる：実際に針をその内部で 1 回転させられる図形を熟考する代わりに、針の動きの可能性に着目し、その描く図形を抽出するのである。こうして、図形を出発点にせず、針の動きを考え、次にその動きに合わせて図形を探すのである。

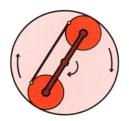 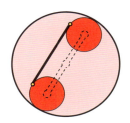

掛谷がその問題を、東北大学にいた時の同僚であった藤原松三郎と窪田忠彦に示そうとし、かつルーローの三角形を解として提唱しようとしていたまさにその時、この 2 人は彼に、より調和の取れた針の回転の仕方を、簡単な仕組みを用いて示した[40]。

このメカニズムは、2 つの同じサイズの車輪と 3 倍の大きさの円からなる。この車輪が、上の 2 つの図のうち、最初の図に示されているように、大きな円の内部を回転できるように、車輪の中心を棒でつなぐ。これらの車輪が、大きな円の内部を転がると仮定し、この 2 つの車輪をつなぐ棒についてはここ

---

[40]訳注：このエピソードについては、附録「掛谷宗一博士の人物像」もぜひ読んでいただきたい。

では考えない。そして、この2つの車輪を針でつなぎ、2つ目の図のように、この「回転木馬」の針の動きを追跡する。この時、針の両端は、3つの弧を持つ曲線を描くことに気付くだろう。針が3つの弧上を次から次へと転がるように動いているのがわかる。その軌跡に沿って、針はあたかも図の輪郭線と和合するようであり、動くことのできる(内部の)空間を最大限使用しているように見える。

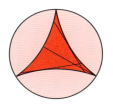

ストークスの公式をこのデルトイド(7ページ参照)の輪郭線に適用すると、その面積 $\frac{\pi}{8}$、つまり、$0.39269\cdots$ を得る。この値が掛谷の問題に取りかかった時に最初に考えつく図形、つまり、直径が針の長さと一致する円盤、の面積の半分の値になっていることは、注目に値する。

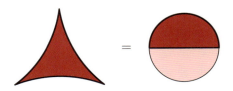

現実問題として、デルトイドは、ここまでに作ってきたすべての図形の中で、その面積が最も効率的なものである。その対称性と、その針の動き方から、これこそが掛谷の問題に答えるものだと思えるだろう。しかし、これは予想でしかない。つまり、そのように思えるいくつかの理由を持ち合わせているが、まだ示さなければならないものが残っている。アイディアをはっきりさせるために、これを**デルトイド予想**と呼ぼう:

デルトイドは、掛谷の問題に関して最良の図形である。

一見、このような予想に直面すると、2 つの方向性が与えられる——その真理に確信をもち、それを証明しようとするか、逆に、疑いを持って反例を探そうとするかである。デルトイド予想の場合、その反例とは、針の回転を可能にするデルトイドより面積の小さい図形を指す。以下で、そのようなものを 1 つ作ってみせよう。

❖ 包絡線

これまでに取り上げたすべての図形とは逆に、デルトイドにおいては、針はその動きで、領域を囲む曲線を描く。このため、この領域はその面積についてはより効率的に思えるであろう。この考え方を推し進め、針の動きと合致する曲線を求めてみよう。連続的な動きで平面上を滑らせることによって、針はこの動きに合わせてある曲線を描く。異なる位置にある針は各々が直線を表しているものとし、各々の直線が描く曲線のことを、これらの直線の**包絡線**と呼ぶ。

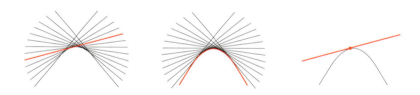

私たちは、このような方法を用いて、掛谷の問題に答えるべく新しい図形を作りたいのである。今までは、常に、その内部で針を 1 回転できるような領域を出発点にしていた。ここでは、針の動きを出発点とし、それが描く最も適切な図形が何かを考えてみよう。これらの各直線つまり針は、各位置において、曲線のある点に触れるのである。つまり、虫メガネでこの点の近くを見ながらその倍率を徐々に上げると、曲線と直線が接しているということである (85 ページ上の図を参照)。

よって、曲線とそれを包み込むこれらの直線との間には、本質的な関係がある：

これらが接触する点においては、曲線の傾きと直線の傾きが等しい。

しかし、この主張には難点がある。どの点において接触しているか、何も言っていないのである。ある直線のグループと曲線があり、各直線はこの曲線のどこかの点に触れるが、どの点かということは問題にしない。唯一分かっていることは、その点での傾きが同じであるということだけである。掛谷の問題では、この曲線はその領域の面積を計算する際に役に立つが、それには、そのグラフが例の曲線を表すような函数を知る必要がある。この傾きに関する等式が与える条件から、その包絡函数を求める過程において、微分方程式が表に現れる。この時の未知函数 f はまさに求める包絡函数そのものなのである。たとえば、三角定規のある動きによって、放物線ができることを微分方程式を用いて示してみよう。その動きとは次のようなものである——三角定規の直角部分を、一方の辺が固定点 A を通るように、ある直線に沿って滑らせる。この時、他方の辺の連続的な位置は、ある直線のグループを表し、その全体が放物線に似た曲線を形成する。微分方程式を用いる簡単な考察によって、このことを確かめよう。

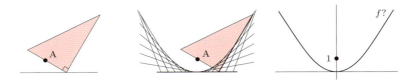

今まで扱ったすべての問題とは逆に、何かの単なる値を求めているのではなく、そのグラフによる表示が包絡線を与えるような函数 f を求めたいのである。この未知函数 f を決定するために「接触する点における傾きの間の等式」を数学的な言葉に翻訳する必要がある。ある曲線の傾きは導函数 f' によって与えられることから、傾きの間の等式は、函数 f とその導函数 f' を用いて表

される。これを計算すると (その詳細は、以下のコラム「三角定規の問題の方程式の求め方」で与えられる)、以下の関係式に達する：

$$f = xf' - (f')^2.$$

未知函数が函数 f である、この等式は微分方程式の 1 つの例となっている。

三角定規の問題の方程式の求め方

この問題を数学的な言葉に翻訳するために、三角定規を座標平面の上に置き、点 A を縦軸上の高さ 1 の点とし、これを固定する。

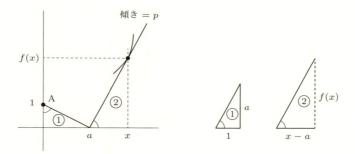

水平方向の軸上にある三角定規の頂点の位置 a を通り傾きが正の直線は、図に表示されているある点で、この曲線に触れている。この点において、曲線の傾きは $f'(x)$ である。上で確立した関係によると、これらの直線と曲線は、この点において、同じ傾きを持つ。この直線の傾きを p と記すと、以上のことは次のように翻訳される：

$$f'(x) = p.$$

三角形 ① と三角形 ② は同じ角度を持っており、相似なので、

$$\frac{a}{1} = \frac{f(x)}{x-a}$$

となっている。一方、三角形 ② において、直線の傾き p は、鉛直方向の距離を水平方向の距離で割ったものに等しいので、

$$p = \frac{f(x)}{x-a}$$

となる。これら 2 つの等式から $p = a$ となり、次のような結果となる：
$$p = \frac{f(x)}{x-p}.$$
一番最初の等式から、傾き p は $f'(x)$ で置き換えられる。最終的に、函数 f と f' を用いて表される等式を得る：
$$f(x) = xf'(x) - f'(x)^2.$$
この関係式は珍しい。なぜなら、函数 $f(x)$ が x のみならず、その導函数 $f'(x)$ も用いて表されているからである。言い換えると、$f(x)$ の表示を直接見つけるのではなく、函数 f とその導函数 f' を関係付ける等式を見つけたのである。これは**微分方程式**と呼ばれ、次のように凝縮された形で表される：$f = xf' - f'^2$。

この方程式の解は、得られた図が実際に放物線であることを示している。以下のコラム「三角定規の問題の解法」で行われている計算から、その未知函数はまさに放物線 $\frac{1}{4}x^2$ となっていることが確認できる。

三角定規の問題の解法

これは、微分方程式 $f = xf' - f'^2$ を解くことである。今までに、出会った普通の方程式との違いは、未知なものは数ではなく函数であるということである。このような方程式を解くということは、この未知函数の表示を求めることを目的とし、その解法は、いくつかのプロセスを経る必要があり、本書の範囲を超える。というわけで、ここでは函数 $f(x) = \frac{1}{4}x^2$ が問題の微分方程式の解になっていることを確かめるだけにしよう。最初のステップは、f の導函数 f' の表示を決定することである。

$$f(x) = \frac{1}{4}x^2 \xrightarrow{\text{微分する}} f'(x) = \frac{1}{2}x.$$

次のステップは、微分方程式の中の f と f' を表示 $\frac{1}{4}x^2$ と $\frac{1}{2}x$ で置き換えることである：

$$f(x) = xf'(x) - f'(x)^2$$

置き換える　↓　　　　↓

$$\frac{1}{4}x^2 \quad \frac{1}{2}x^2 - \left(\frac{1}{2}x\right)^2.$$

簡略化すると、左辺と右辺は同じものを示していることが見られる。よって、函数 $f(x) = \frac{1}{4}x^2$ は問題の微分方程式の解になっている。視覚的にも、この包絡曲線が放物線の形をしていることが観察でき、函数 $f(x) = \frac{1}{4}x^2$ はよい解を与えているように思える。その他に複数の函数がこの方程式を満たすことがわかると、状況は複雑になる。たとえば、$f(x) = 0, f(x) = x - 1, f(x) = 2x - 4, f(x) = -x - 1$ は解になっていることが簡単に確かめられる。この方程式には、解が多く存在する。これらの $f(x) = \frac{1}{4}x^2$ 以外の解を表してみるとそれは包絡線を作る直線であることに気が付く。

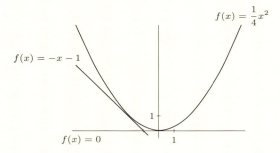

　実際に、この包絡線を作るすべての直線はまた、この微分方程式の解になっている。三角定規の問題を解くこととは、すなわち、直線のグループの包絡線を求めることであり、それはまた、ある微分方程式のすべての解の中から最適な函数を選び出すことでもあるのだ。ここでは、その最適な函数とは、放物線 $f(x) = \frac{1}{4}x^2$ のことである。

❖ 掛谷の問題から (更にまた) 一歩進んで

　上で述べた予想の魅力的な面は、デルトイドの中の針の動きにある。実際に、この動きは完璧にデルトイドの輪郭線を描いており、これはつまり、数学

的な言葉で述べると、デルトイドは針の連続的な位置の包絡曲線になっていることを意味する。しかしながら、同じ性質を持つ他の図形を作ることもでき、その中のあるものはデルトイドより面積が小さいものもある。

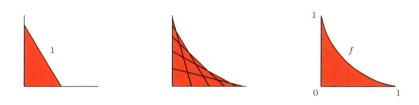

デルトイドより適した図形を作るために、特に複雑な針の動きは必要ない。実際に、既に述べた放物線を記述した際の方法で得られるのである。正確には、上の図にあるように、針の両端をそれぞれ 2 つの固定された方向に沿って動かすのである。すると、ある包絡曲線が描かれるが、これはあまり知られていないようである。しかし実は、日常生活においてよく見受けられるものである。たとえば、ガレージの扉を考えてみよう。天井側は水平方向のレール、壁側は鉛直方向のレールに沿って滑らすようになっている。この曲線は技術者の間では**アステロイド** (Asteroid) という名で知られている。最終的に、アステロイドの中での針の動きの結果は、$\frac{1}{4}$ 回転であり、2 つ同じ形のものを貼り付けて得られる図形の中で針は完全に 1 回転できる。

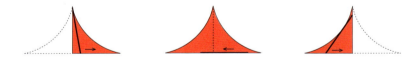

この新しい図形は、デルトイドより効率的なのだろうか？ それを知るには、囲まれる部分の面積を計算し、それらを比較すればよいだけである。この図形は、2 つの同じ図形から成り立っているので、この片方の、たとえば右側の面積を求めればよい。本ページ上の図に示したように、f を包絡曲線の函数と呼ぶことにすると、この曲線の下の部分の面積は、単純に以下の公式で計算できる：

$$\text{面積}(\ \begin{array}{c}\rule{0pt}{1em}\end{array}\ ) = \int_0^1 f$$

今までと同じように、この積分を計算するためには、f の表示を知る必要がある。ここで、この函数 f を得るための大まかなステップを、詳細には立ち入らずに紹介してみよう。まず、最初に (f の満たす) 微分方程式を決定する。前述と似たような幾何学的な考察から、次の方程式を得る：

$$f = xf' - \frac{f'}{\sqrt{1+f'^2}}.$$

この方程式は、かなり複雑なように見えるが、ここでは大した問題ではない。本質的なことは、函数 f とその導函数 f' の間の関係を得たというところにある。このような方程式を解くために、数学者はテクニックを備えており、その技術の応用により函数 f の次の式を得る：

$$f = (1 - x^{\frac{2}{3}})^{\frac{3}{2}}.$$

当然ながら、この微分方程式の書き方から想像すると、この解の函数は基本的な函数ではなく、2 乗根や 3 乗根を、$\frac{1}{2}$ 乗または $\frac{1}{3}$ 乗、という形で示されている。とは言え、このタイプの函数はよく知られており、それを調べることに何の問題もない。函数 F であって、その導函数が f となるようなもの (原始函数) を与える表が特別に存在するので、それを用いると、後はよく知られている積分公式を適用すれば面積を得られる。微積分学の恩恵によって、ついには、針の動きの分析から面積の値の計算までの過程は、技術的なノウハウによらないプロセスに集約することができるようになった。すべての計算を実行すると、次の結果を得る：

$$\text{面積}(\ \begin{array}{c}\rule{0pt}{1em}\end{array}\ ) = \int_0^1 f = F(1) - F(0) = 0.29452\cdots$$

これを 2 倍すると、全体の面積である $0.58904\cdots$ を得るが、これはデルトイドの面積よりかなり大きい。この結果には少しがっかりさせられる。というのも、これは正三角形の面積である $\frac{1}{\sqrt{3}} = 0.57735\cdots$ にすら至らないのである。しかしながら、このようなタイプの曲線を、決定的に改良することは可

能である。ただし、そのためにはより巧みに、ただ単に 2 つのピースを並べるだけではなく、多くのピースができる限り重なり合うように作る必要がある。たとえば、3 つのピース——それぞれ針を $\frac{1}{6}$ 回転できる——を集めることから始めてみよう。それらのピースを組み合わせて構成する方法は、前述の方法にとても似ている。このベースとなるピースは、60° の角度で交わる 2 つの直線上で、針の両端を滑らせることによって得られる：

針が鉛直方向にある状態から、右下の斜めの直線に重なるまでの移動で 60° の回転、つまり $\frac{1}{6}$ 回転することになる。したがって、このような図形を 3 つ集めると、針を半回転させることができるのである。

2 つのピースをただ並べただけであった、アステロイドの場合とは逆に、ここでは 1 つのピースがもう 1 つのピースと重なる部分がある。したがって、全体の面積は各ピースの面積を 3 倍したものではなく、それよりもずっと小さくなる。これが、このような組み合わせ方をするメリットである。この面積を計算すると、次のようになる：

面積( ) $= 0.44843\cdots$

この図形は、アステロイドの場合に比べてかなり効率的ではあるが、結果

そのものは満足のいくものではない。なぜならば、それはデルトイドの面積 0.39269⋯ と比べて、まだ大きいからである。これら 2 つの図形は、孤立したものではなく、同様のプロセスを繰り返すことで、星状形の図形の無限のグループを作ることができる。

これらの星状形をよく調べてみると、針 (次の図の中で黒色で示されているもの) は、より小さな角度でより多く回転させることにより、常に 1 回転できる状態にあることがわかる。

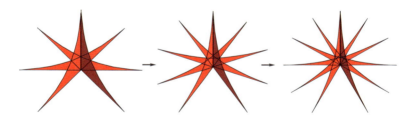

このようにして作られた星は、分枝 (尖った部分) の数がますます多くなり、それぞれの分枝はますます細くなっていく。分枝の数はますます多くなり、各分枝の面積は小さくなっていくというある種の競争シーンに立ち会っているかのようである。冷静に考えてみると、この構成のプロセスは体系だっているが、このように作られた図形の面積が、減少してることを保証するものではない。そもそもこの場合、面積は減少してないのだ。正確に計算してみると、面積は 25 分枝までは減少するのだが、その後徐々に増加している。しかしながら、デルトイドの面積より小さいものを見つけるには、25 分枝の星状形である必要はなく、上の図の右側にあるもので十分なのである。直接計算すると、この 11 分枝の星状形の面積は 0.39140⋯ でデルトイドより勝っている。よっ

て、掛谷の予想に関して自然に思えた候補は、問題の答えを与えていない。したがって、デルトイドをその問題の解だと思っていた予想は、この図形での針の動きが効率的に見えるにもかかわらず、間違っているのである——謎は深まるばかりである。

❖ ビリヤード

微分方程式により、針の複雑な動きでできる図形についても、その輪郭線を正確に知ることが可能になる。この輪郭線に対する知識は、囲まれた部分の面積を求めるための前提として必要不可欠なものである。しかし、その役割はそれだけに留まるのではなく、たとえば、ロケットの軌道、人口増加、海流の分布、熱伝導など、その動きを数量化する必要のある、あらゆる場面で顔を出す。実際に、微分方程式は、静止系とは逆の時間と共に変化するような**力学系**[41]の、あらゆる状況に関わってくる。私たちが想像できるすべての力学系の中で、数学史の中で傑出した支配的な役割を果たす1つの例がある——それは太陽系である。実際に、これは地球上の生命にとって重要な位置にある。それは、昼と夜の入れ替わり、季節の存在や1年間のリズムを作り出すのに最も重要な役割を果たす。この天体力学の謎を解明したいという人類の絶えることのない欲求は、時間が経つにつれ、実に豊かなアイディアを導いた。その中でも最も美しいのは、ニュートンがその並外れた直感によって、太陽系は、ある微分方程式によって統制されていることを理解した時である。これが、非常に有名な**力学の基本法則**である。当時、広く有名になったこの発見は、ラプラスによって推奨された決定論的観念に起源を持つ。実際にもし、ある時点でのすべての惑星の位置と速度がわかれば、過去や未来のどの時点でも、その惑星の正確な動きが理論的にわかり得るのである。たった1つの法則から、日食や惑星の通過等の大きな天体ショーを予測したことは、ニュートンの同世代の人達に深い印象を与えた。

---

[41] 訳注：日本語や英語では、「力学系 (dynamical system)」と工学等の応用分野で使われる「動的システム (dynamic system)」に違いはあるが、フランス語ではいずれも「système dynamique」と言い、その区別はない。ここでは、静的 (statique) および、動的 (dynamique) の対比をしている。

計算によって得られた数々の予測は、どれも実に素晴らしいが、実際には比較的短い時間内での出来事に限られている。これはニュートンの有名な方程式からの結果であるが、ある種の近似を平均化している。特に、天体ショーについて調べている場合、ほとんど影響がないと思われる天体は無視している。太陽系の時間による変化について、微塵しか影響を与えないものでも、長い時間の中では実際には影響を及ぼす。長時間のスケールで考え始めた途端、大きな困難に見舞われ、どのような予測も不可能になるのである。わかりやすい例として、太陽系の安定性に関する問題がある。太陽の周りの惑星の周回の観察により、同じ軌道を際限なく繰り返すように見える惑星からなる、規則的な力学系が明らかになると思うだろう。しかし、この印象は実は紛らわしく、間違っている可能性が大いにある。惑星は確かに太陽の周りの楕円の上を周回しているように見えるが、それでも実際には近似的でしかなく、すべての惑星はお互いに影響を与えあい、それらの軌道を変形しているのである。将来、これらの天体の軌道が著しく変わり、ある惑星は太陽の引力から離れるか、または惑星同士が衝突するということも起こり得るかもしれない。言い換えると、楕円に影響を与えるすべての小さな摂動[42]（せつどう）は、長い目で見ると、太陽系そのもののバランスを壊すことはないのだろうか？　19世紀末ごろ、多くの数学者や天文学者による研究の後に、ポアンカレは、この問題に対する科学者の視点を根本的に変える現象を見出した——それは、天体力学系のある軌道に関するカオス的な性質である。この微分方程式の解の中に出現するカオスは、天体の動きを考える場合の中期的な観点での予測をする際、大きな障壁となっている。たとえば、太陽系の年齢である56億年に比べれば1億年は短いが、1億年後の地球の位置についてでさえ、全く何も言えないのである。

　この太陽系におけるカオスの出現は、多くの天体が相互作用するために起こると思われるかもしれない。しかし、実際にはそれが理由ではなく、微分方程式の研究によって次のような大きな新事実が発見された——カオスは、もっと単純な力学系にでも現れるのである！　微分方程式が消えたように見えるあまりにも洗練された力学系の中にさえ、これらの現象は見出される。これを

---

[42] 訳注：小さなかく乱・ずれのこと。

捉えることのできる例の1つとして、数学者がビリヤードと呼ぶものがある。これは1つの物体からなる力学系で、その軌跡は閉じた空間の中に留まるものである。問題の物体は領域の境界まで直線上をまっすぐ動き、境界ではスネルの反射の法則[43]にしたがって跳ね返る、つまり、反射する面にぶつかった光線のように跳ね返る。

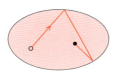

通常、その軌跡は、反射を繰り返すたびに入り組んでくる。しかしながら、もしこの軌跡を無限に描き続けたとすると、予想外の規則性が見えることがある。それは、特に完全な楕円の中でのビリヤードに見受けられる。つまり、球体が反射すればするほど、少しずつこの規則性が現れるのである。

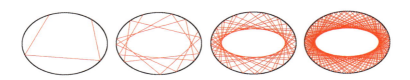

驚くべきことであるが、目に見えないバリアが、このビリヤードの内部を球体が自由に冒険できないようにしているように思えるのである。この目に見えないバリアこそ、その軌跡の包絡曲線に他ならない。それは、反射回数が多くなればなるほど明らかになり、楕円の形をした衣を被せているようである。このビリヤードの内部を分割する包絡曲線は**焦線 (caustic)**[44]と呼ばれ、ここで力学系の規則性の存在を必ず示すのだ。ここでは、その規則性は、完全

---

[43]訳注：オランダの天文学者・数学者であるヴィレブロルト・スネル (Willebord Snell) が1621年に発見した法則。フランスでは、「スネル–デカルトの法則」と呼ばれる。

[44]訳注：平行光線が凹面鏡によって反射される時、反射光線が1点(焦点)に集まらず、相互に交わってできる包絡線のこと。

な楕円形というビリヤードが囲む幾何学的な形によって現れる。このような《楕円》は多くの特別な性質を持っており、球体に、ビリヤードの狭い決められたゾーンの中で軌跡を描かせる。しかしながら、これらのゾーンは楕円形の回廊とは限らず、以下の図が示すように他の形も取り得るのである。

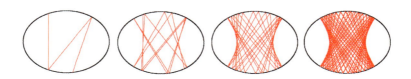

　この場合、球体が捉えている領域は、双曲線の一部である2つの曲線で囲まれ、これもまた、楕円の注目に値する性質がこの現象の基になっている。この2つのタイプの軌跡は、どのように変化し移行し合うか？　上に示した2つのタイプの図では、それぞれの軌跡の出発点は同じである。それは楕円の上の方の点であるが、その動き始めの向きが異なる。1つ目のタイプの図では斜めに傾き、2つ目では垂直である。傾きの角度が大きくなると、包絡線は線分に潰れるまで平たくなり続ける。この峠を越えるとある断絶が起こり、包絡線が双曲線になるのである。

　その状況全体を把握するための1つのよい方法は、学者の間で**相図 (phase portrait)** と呼ばれているものを作ることである。この相図は、力学系の大域的な動きに対するイメージを与えてくれる。それは、前述のように1つ1つの軌跡を表示するというよりも、むしろ抽象化して、全体を掴む象徴的な図形を作るのである。この表現の利点は、この力学系全体についての様々な質問に対し、一目して答えられるようになっていることである。たとえば、出発点を変えると何が起こるか？　または、断絶の起こる角度はいくらか？　などの問題である。それはまた、この力学系の持つ規則性や、逆にその内包するカオスの存在を明らかにする。

　どのようにして、この相図を作るのだろうか？　これを理解するために、最初は、楕円上のビリヤードより単純なものから始める、つまり楕円よりもっと対称性を持つ円から始めることが望ましい。このような円上のビリヤードの特殊事情は、一度球体を動かしたら、毎回の反射角度は常に一定であり、永久に

変わらない。以下の図では、その角度は常に 50° である。

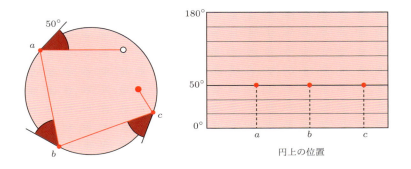

　ビリヤードの中での球体の軌跡は、跳ね返りの繰り返しで、これらの反射は、円上の位置とその角度によって、数学的に記述できる。このことを数学的に表すために、円を (a と c を結ぶ弧のうち b を含まない弧のどこかで切って、) 水平方向の直線上に《拡げて》いく。右側の図は横軸が円上の位置、縦軸が反射角度を表している。球体が跳ね返った各位置と各反射角度の交わる場所に点を置く。この図では、反射角度は常に 50° であり、すべての点は同じ高さの場所に現れる。より一般的に言うと、反射する角度は一定であることから、各軌跡は同じ水平方向の直線上に散らばった点のように現れる。これが、相図が水平方向の直線で表される理由である。この表示は、ビリヤードの完璧な対称性による軌跡の規則性を明らかにする。このような、球体の軌跡が連続的な点の集合に集約されている図式では、これらの各点は反射する位置と角度を示しており、これが相図と呼ばれるものである。上の図は、円形のビリヤードに対するものである。もちろん、この表示は単純な軌跡の図に比べ、不自然ではあるが隠された性質を暴き出すという長所もある。

　それでは、楕円型のビリヤードの相図はどのようなものであろうか？　円の場合とは逆に、反射角度は動きとともに変化し、相図の中の軌跡を表す点列は、もはや水平方向の直線上にはない。しかし詳しく調べてみると、この軌跡はかなり滑らかな曲線の上にあり、そのうちのいくつかは、次の図式に表されている。特に、既に見た現象を再発見することができる——軌跡は、焦線が楕

円か双曲線かによって、本質的に2つのタイプに分かれている。焦線が楕円の場合、その軌跡は楕円の縁に近いところを取り囲んでおり、相図では上部または下部の波打った曲線に対応している。これに対し、焦線が双曲線の場合は、楕円の真ん中で鉛直方向に束を作るように軌跡を描いており、相図では卵形状の形をした曲線に対応している。この後者の形は、最も自明な方法で2つずつ組み合わさっている——相図の左側にある曲線はその鏡像対称[45]である右側の曲線と対応している。球体の軌跡は、楕円型のビリヤードの内部の上側で反射するか下側で反射するかによって、これらの2つの曲線間を移動する。2つの曲線の間にある、8の字を倒したような形の曲線は、2つのタイプの動きを分ける境界を表している。

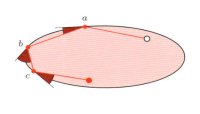 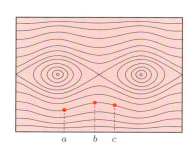

この相図は、確かに円形のビリヤードの場合に比べやや難しいが、それでも大きな規則性を残しており、それは楕円形のビリヤードに、大域的な秩序が存在していることを示している。この力学系はしたがって、全くカオス的ではないが、実はカオスはそれほど遠くないところに存在する。それを確かめるには、ビリヤードの輪郭を作る楕円をほんの少しだけ変形し、また新たに、軌跡の動きに興味を持てばよい。この時、ある軌跡はこの摂動によって、あまり影響を受けないが(次の図の左側)、あるものは相当影響を受ける(次の図の右側)ことが観察できる。

次の図では、楕円に施した摂動はほとんど気が付かない程度であり、楕円を囲む輪郭線が本当の楕円に比べ、僅かに鋭いだけである。しかしながら、あ

---

[45]訳注:鏡に写したような対称性のこと。

 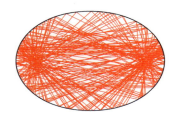

　る軌跡は、ほんの少しの修正を施しただけで、楕円形のビリヤードに観られた極端な規則性を壊すのには十分であり、完全に変動してしまう。ここで初めて、私たちはカオス的な状態に似たような現象を目にするのである。これは、ほんの少しの修正は、ちょっとした変化を及ぼすだけであろうという自然な直感に矛盾するものである。実際の生活では、楕円の形をしたビリヤードの台を作ったとしても、色々な力加減により完全な楕円形にはなり得ず、上に紹介した摂動された軌跡に私たちは出会うのである。いずれにしても、一般的に、純粋数学による現実の理想化には、かなり注意深く考察するべきである。

　この奇々怪々な現象を含め、どのようにしてこれらの軌跡を理解していけばよいのであろうか？　効率的な1つの行程は、1つずつこれらの軌跡を取り上げて調べ上げていくよりも、むしろその全体の集合を考えることである。より写実的に述べると、この状況の全体像が各状況を明らかにし、かつこの集合の構造を暴き出すことを期待しながらこれを描きたいのである。これは、まさに相図のなすところであるが、そのためには多数の軌跡を表示する必要があり、それを手作業で行うのはとても大変なことである。よって、コンピューターシミュレーションを行うことが不可欠であり、次に示す図 (100ページ) は、このコンピューターシミュレーションによるものである。

　この相図は、楕円に少し摂動を施して得られたものに対応する図であり、完全な楕円形のビリヤードの構造を大凡保っている。たとえば、完全な楕円に比べ比較的変わらない軌跡のように、前述の現象にも気が付くのである。波打っている線は、楕円で保たれている軌跡に対応し、これは前図で左側に示されていたものである。反面、他の軌跡は規則的な線には従わず、この図の乱れたゾーンの中を手当たり次第彷徨うのである。たとえば、前図で右側にあるもの

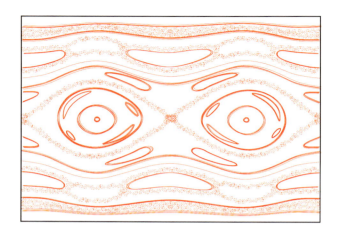

は、この相図では、2つの卵形状の曲線を囲むぼんやりしたゾーンに対応するのである。この単純な観察から意外な事実が明らかになる——ビリヤードの中での軌跡は、カオス的に卵形状の図形の全体を動き回ったにもかかわらず、相図では、ぼんやりしているゾーンではあるが、あるゾーンの中で閉じており、摂動されていないビリヤードの中にあった8の字の形をした曲線に比較的近い形をしている。この摂動は完全な無秩序を起こすわけではなく、相図がその輪郭を描き、その無秩序の程度を視覚化している。

　しかしながら、この相図の解釈には、慎重であり続けなければならない。なぜなら、この数値計算は機械によって実行されたものによる結果であり、最終的に、私たちの得た図には、計算途中での近似による誤差[46]が蓄積されていることもあり得るからである。その上、この相図は現実の状況を示すにはあまりにも不完全であることも起こりうる。というのは、当たり前のことではあるが、有限個の軌跡のみが示されているからである。実際に、ビリヤードの相図の理解ができているというにはほど遠く、その主題についての直感や解釈が不正確であるということも起こりうる。しかしながら、カオス的な力学系で出会い、しっかりと確立されている重要な現象がある——それは、初期条件に対す

46）訳注：数学用語で「丸め誤差」という。

る敏感さである。次の2つの図は、まさにその敏感さを表すものである――左側は完全な楕円形のビリヤードを表しており、右側は変形した楕円を表している。それぞれ、同じ点（白い小さな円盤であらわされている）から2つのボールを、同じ角度で出発させる。何回かの反射の後、完璧なビリヤードでは、この2つのボールはかなり近い場所にあるが、摂動されたビリヤードでは、これらはずれ始めている。

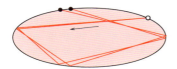 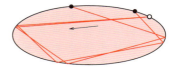

　このように、初期条件――この場合は出発時の角度――の小さな摂動は、ごく短い時間の後に、その軌跡に大きなずれをもたらすのである。言い換えると、もし出発時の角度が少しでも不確かであれば、何回かの反射の後のボールの位置を大雑把にでも予測することは不可能なのである。この単純な観察は実際に大きな問題をもたらす。なぜならば、私たちが具体的に保有しているすべてのデータは必然的にいくらかの誤差を含んでいるからである。これは重要な問題で、初期条件に対する敏感さは、何かを予測する際の障害となる。というのは、わずかな誤差範囲でも非常に速いスピードで、あらゆる事象[47]が起こりうるからで、短い時間のレベルでしか予測できないのである。この初期条件に対する敏感さは、非常に単純化されたビリヤードのような状況のみならず、たとえば、ある種の化学反応や、ある人口の変動といったより複雑な状況下でも存在する。しかしながら、もしこの初期条件に関する敏感さが、天気や太陽の周りの惑星の動きといった大きな物理的な力学系でも観られるとしたら、その予報に対する影響は、常に科学者の間で議論の的になっている。私たちが具体的に興味を持つような、風速や気圧といった大局的な量は、摂動に対してより鈍感で、長期間の予報はできるという期待は持てないわけではない。現時

---

[47]訳注：「事象」はある事情のもとで表面に現れた事柄、「現象」は人間が知覚することのできるすべての物事を表す。

点では、気象については数日程度の予報しかできず、地球の位置については 1 億年程度の予測でしかない。

Le théorème de Besicovitch
ベシコヴィッチの定理

　最近、数学界に新しい話題が出現した。それは、折り紙の数学である。折り紙とは日本の伝統の中にあり、1枚の紙を折るという芸術である。日本で非常に人気があり、何世紀かかけて全世界に拡がった[48]。折り方について多くの具体的な問題や疑問が見つかるため、今日では続々と新しい折り紙の愛好家が出現している。たとえば折り紙は、ソーラーセイルによって前進させる宇宙ロケットの実現に関わっている。この前進の様式原理は、ヨットのそれと同じで、太陽から絶え間なく放たれる光子 (photon) の流れによって機体を押すものである。この前進の様式は何のエネルギー源も必要としない長所があるが、その短所は弱い推進力である。よって、その機体が宇宙空間を動くためには、相当大きなマストが必要となる。そこで問題になるのは、このマストをいかに上手くロケットのカバーに収め、かつ空間でマストを張るために、いかに効率的に折りたたむかということに尽きる。よって詰まるところこれは、技術者が直面する折り紙の問題なのである。私たちの知っている最もよい折り方の1つは三浦公亮によるもので、宇宙実験・観測フリーフライヤーのソーラーパネルの配置に用いられている[49]。これは折り紙の達人が見つけたよく知られた折り方から、経験的な基礎を基に、実験的に手探りで見つけたものである。結果的に、たとえ実際にある種の効率性が実証されているとしても、それが最適なものであることを保証するものは何もない。ここに、この折り紙の問題を純粋に数学の問題に変換する必要がある。というのは、**証明**を付けることにより、ある折り方が最適であることを保証できるようになるからである。確かに、経験に基づいただけの折り方では、他にもより巧妙な折り方がある可能性

---

　48) 訳注：最近の研究成果によると、正確にはヨーロッパと日本と独立に2つの伝統があった、というのが正しいようである。日本の伝統のような印象を与えていた1つの主な原因は、和紙の存在らしい。

　49) 訳注：次の Wikipedia を参照のこと：https://ja.wikipedia.org/wiki/ミウラ折り

を否定できない。すべての可能性を考え、この問題に決着をつけるためにも一般的な理由付けが必要になるのである。これが、折り紙を専門とする数学者は、ロケットのカバーにマストを詰めるために最も適切な、証明という保証書を付けて、反論の余地のない折り方を探すのである。

　掛谷の問題の考え方は、折り紙のそれとは異なるものであるが、解決するために辿る道筋は、ソーラーセイルの設計者が辿ったものと非常に似通っている。それは、既に知られている幾何学的な形から経験的なアプローチをするというものである。折り紙の折り方のように進めていく方法は、より小さな図形を早く発見することができる長所はあるが、それがもとの大域的な問題の解になっているかどうか、という不確実さからいつまでも逃れられない。掛谷の問題においても、毎回新しい図形ができるたびに、同じ疑問を持つのだ――ついに、最適な輪郭線を得たのだろうか、つまりそれは、内部を針が1回転することのできる図形の中で、最小の面積を持つものなのだろうか？　事実、今まではその答えは常に否定的で、新しい図形を発見するたびに、更に適切な構成によって別の図形に置き換えられてきたのである。完全な候補であるデルトイドでさえ、最後まで残ることができなかった。ゆえに、私たちは出口の見えない競争に巻き込まれているようにさえ思えるのである。

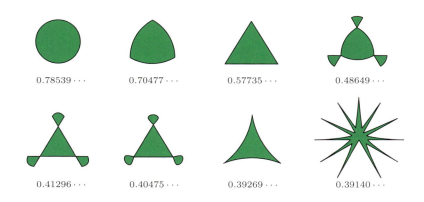

　上の図は、この競争の大きなステップ――一連の面積が少しずつ小さくなっている図形――のまとめである。少しずつ改良を重ねるに連れ、スペースは狭くなっており、更にスペースを得ることはますます難しくなっている。これら

の図形全体を観察すると、最小面積が 0.38 か 0.39 くらいだと思われる 1 つの到達点に行き着いたように思える。しかしこれも、いくつかの図形に基づいた考察による曖昧な直感でしかなく、折り紙と同様に、1 つの証明のみが、この直感を永久に確証してくれるのだ。証明によって支えられていない限りは、この結果は、完全に間違っていることが判明するかもしれない···。そして、しかも実際に、このようなことが起きたのである！ 1928 年、つまり、掛谷が問題を提起してから 11 年後に、ロシア人の数学者であるアブラム・ベシコヴィッチ (Abram Besicovitch) が、実に衝撃的な結果を得たのだ：

> **ベシコヴィッチの定理**[50] 面積がどれほど小さくても、その領域の中で、針を 1 回転させることができる！

この結果は、図形の収縮に関して私たちが期待できたものを遥かに越えており、実に信じ難いレベルである。この結果は何を意味するか？ これは、面積 (となり得る数字) を 1 つ与えると、それが、たとえば 0.1 のように非常に小さな面積であっても、その内部を針が 1 回転できる図形が存在するということで、たとえば 0.01 または 0.001 などであってもよいのである。要するに、どんなにその値が小さくても、針が 1 回転できる図形の面積となり得るのだ！

❖ 平行な位置に置かれた針に対する掛谷の問題

どれだけ小さい (正の) 数値を面積に持つような図形であっても、その内部で針を 1 回転できるようなものが存在するというのは、何とも直感的に受け入れ難いことである。この奇々怪々な現象を少しでも理解するために、平行な位置に置かれた針、という掛谷の問題の 1 つの変形版で、ずっと基本的なものの中にこの現象を見出してみよう。今回は、出発点に 2 つの針を平行に置き、どのようにして移動の際に覆う面積を最小にしながら、1 つの針をもう 1 つの針の位置に動かすか、という単純な問いかけをする。最初に思いつく解は、平行四辺形であろう――それは、平行な状態を保ちながら単に滑らせるという

---

[50] 訳注：A. Besicovitch, *On Kakeya's problem and a similar one*, Math. Zeitschrift **28** (1927), 312–320.

ことである。この動きは、下の図の左側に表されている。2 つの針が同一直線上にあるという特殊な場合は、この直線に沿って針を動かせば十分である。考えている針が理想的な状態にあるため、つまり厚みがないと仮定しており、結局、この針は直線の一部分の区間を動くので、その動いた軌跡の面積は 0 となる。もちろん、これ以上改良できないので、この解は最適である。一方、2 つの針が同一直線上にない場合は、平行四辺形の解は最適のものではなく、針の移動を 2 回の回転と合理的に組み合わせることにより、非常に効率的にできるのである。

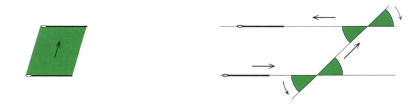

この針は、水平方向の移動から始まり、引き続いて、斜めの直線に乗せるように少し回転し、そして、これを少し滑らした後、2 回目の回転をして上の直線に乗せるようにする。この動きに必要な面の面積は上の図で色の着いた部分であり、それは平行四辺形の解が与えるものより明らかに小さい。しかし、この新しい針の移動の方法は最適ではない。というのは、この方法は針を可能な限り横たわらせ、その占める面積をいくらでも縮小できるという実に驚くべき性質を持ち合わせているからである。よって、可能な限り小さな領域を通過しながら、1 つの針をもう 1 つの平行な位置にある針のいる場所に移動させることができる。

状況はかなり、ベシコヴィッチの定理と似ている。いかに値が小さくても、それは、針を移動することのできる、その領域の面積に対応するのである。結果として、平行な位置にある針についての掛谷の問題は、解を持たず、他のど

の図形よりも適している図形は存在しないのである。ここで、**解の存在**という概念に直面することになる。実際に、私たちがある問題を解こうとする時、次の 2 つの問題が生じるのである：

・解は 1 つ (または複数) 存在するか？
・存在するならば、それ (それら) は何か？

一般的に、私たちは 1 つ目の問題を忘れ、2 つ目の問題に直接取りかかる傾向がある。それは、まさに本書で起こっていることである。ここまで、私たちはその存在を疑うこともなく、解を探していたのである。しかし、その存在を保証するものは何もなかったのだ・・・。ベシコヴィッチの定理が私たちを現実に引き戻すのである——針が 1 回転できるような領域のうち、面積が他のどのような図形より小さいものは存在しないため、掛谷の問題は解を持たないのである。

❖ ベシコヴィッチによる構成

魔王ベシコヴィッチは、どのように化けて、どこまでも小さく、しかも針を 1 回転させることのできる図形を発見するに至ったのであろうか？ アイディアとしては、単純な図形から出発して、それをいくつかのピースに切り、更に、その面積が小さくなるようにこれらのピースを重ねるのである——問題となるのは、針を 1 回転できる図形をどのように得るかにある。掛谷の問題を調べるにあたり、構成を簡単にするために、たとえば $\frac{1}{8}$ 回転できる図形から考え始めよう。最終的に、針の完全な半回転を可能にする図形を得るには、こうして作られた図形を 4 つ貼り合わせればよいであろう。針の一端を中心に $\frac{1}{8}$ 回転させた時に描かれる面は、針を半径とする中心角が 45 度の扇形であり、それは次の図の左側に示されている (108 ページ上の図)。

もちろん、もしこの扇形を半分に切り、この半分に切ってできたものを重ねると、その面積はもとのものよりずっと小さくはなるが、これでは針を 45 度回転することはできない。実際に、$\frac{1}{8}$ 回転するためには、左端の鉛直方向にある状態から右端の鉛直方向の状態までジャンプする必要がある。ここに表

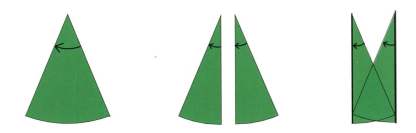

されている、そのままの形では適合せず、この鉛直方向の片側の位置からもう一方の位置に移動できるように、何かを加えねばならない。この2つの鉛直方向は平行な位置関係にあるので、この2つの位置の間の針の移動の問題は、平行な位置にある2つの針に対する掛谷の問題そのものである。したがって、この移動を可能にし、しかも加える部分の面積が、望む程度に小さいような図形は存在する。針が $\frac{1}{8}$ 回転できるように、これを2つの扇形の上に、適切に置けばよいのである。

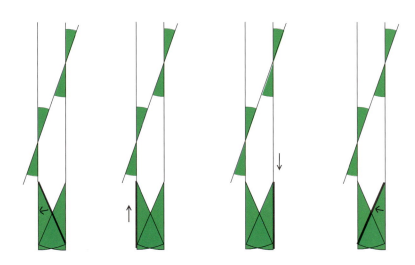

上の図で、中心角が 45 度の扇形から、この提唱された構成による図形に至って得られたスペースは、そんなにはっきりは見えないが、色付きの部分が微小になる程度に、相当引き伸ばされている状態を想像しなければならない。

この構成のプロセスは、扇形を任意の個数のピースに切った場合にも拡張でき、そのピースの数が増えるごとに、その面積は縮小する。話をわかりやすくするために、以下の図は、中心角が約 53 度の扇形を 4 つに切った場合の、この構成をまとめたものを示している。正確には、この中心角は、それを頂角とする二等辺三角形の底辺と高さが等しくなるようなものを選んでいる。

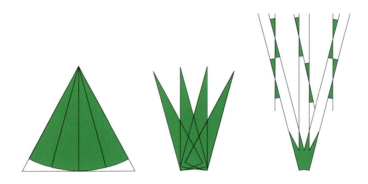

単純にピースの数を増やすだけでは、残念ながら最終的な面積の限りない縮小は得られない。正確にこの構成を調べると、ある一定数以上では、いくらたくさんのピースに切ろうが、この図形の面積はそれ以上縮小しないのである。この困難を乗り越えるために、ベシコヴィッチは、ピースの個数が増えたことを利用し、より巧妙にこれらのピースをグループ分けしている。この新しい方法によって、総面積が小さくなることは、ピースの数がかなり大きくなることで明確になる。以下の例では、ベシコヴィッチのこのプロセスを、扇形を 16 個のピースに細分する場合の図を表している。

 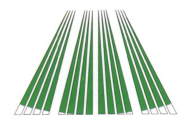

図と計算を単純化させるために、この細分と各ピースの移動に関するプロセスを、扇形を含む三角形全体に適用する。前図の右側で、この細分による 16 個のピースは 4 つずつグループ分けしている。ベシコヴィッチによる構成の最初のステップは、このグループ分けから出発して、その下の部分の形に応じて 4 つの束を作る。

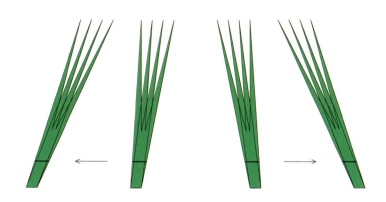

次にこの束を、底辺より少し上の部分で、更に 2 つずつ束ね大きな束を 2 つ作る。上の図では、束ねる部分を太線で示している。更に、新たにできた束とある高さの部分で、同じプロセスを繰り返し適用し、1 つの束ができるまで行う。ここで提唱された変換は、三角形から始まり、3 つのステップを経ている。

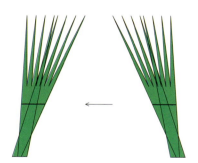 

ベシコヴィッチの構成は、手短かに述べると、最初の三角形をヒダ状に細分し、次にそれを束ねて小枝状にし、足の部分、腰の部分、そして肩の部分で次から次へと束ねていくのである。この作戦は非常に異色に思えるが、ベシコヴィッチの証明の基本方針である。この方法により、小枝の高さを調整することを可能にし、占有面積を著しく減少することができるのである。これらすべての調整を考慮に入れると、得られた図形の面積は出発点の三角形の面積よりは確かに小さいが、問題は、それがどのくらい小さいかということである。実は、簡単な考察から、この面積は出発点の三角形の面積の半分以下であることがわかる。

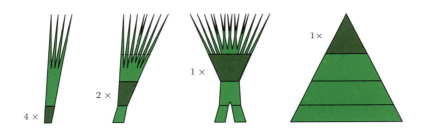

すべての鍵は、ベシコヴィッチの図の各段と、三角形の各段の面積同士の、巧妙な比較にある。上の図で最終的に得た図は、左から3つ目の図形である。これは、明らかに4つの段からなっており、そのうちの下から3段目はより濃い色で強調されている。構成の仕方から、1段目は、ステップ1から分かるように、4本の小枝の1段目を重ねたもので、そのうちの1つの小枝の束は上の図の左側に描かれており、その1段目はより濃い色で描かれている。よって、この重ね方により、最終的な図形の1段目の面積は、もとの台形4つ分の面積より小さい。2段目についても同様に、その面積をステップ2の2段目の台形の面積と比較する。これらのうちの一方は、上の図の2つ目に描かれている。3段目部分の面積は、もちろん、それを含む台形の面積よりも小さい。最上段は、出発点の三角形の最上段よりも狭い。実際に、最終的な図形は確かに複雑ではあるが、この最上段は、三角形の頂上部分のピースを並び替えただけである。すべての計算が終わり、次の結果を得る:

　この構成では、出発点の三角形は、底辺と高さが同じであり、それは 1 である。もし仮に、この高さを 32 の等間隔で区切るとすると、それぞれの段は、下段から順にその高さが 5, 12 そして 20 の位置にある。このデータを基に、8 つのパーツで表される上の式にあるものの面積は、0.23767 · · · となっており、出発点の三角形の面積が 0.5 であったことから、出発点の図形の面積の半分以下の面積を持つ図形に達したのである。まさにこの場合は、このプロセスによって、出発点の三角形の面積を 2 で割ることができたのである。

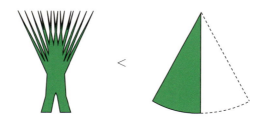

　より一般的に述べると、三角形を細分する数や段数を増やすことにより、もとの面積を 2 以上の可能な限り大きな数字で割ったものとなる図形ができるのである。ベシコヴィッチは、面積の縮小倍率により、分割するピースの個数、各段の高さ、そしてグループ分けの方法を与える公式を提唱している。その公式によると、たとえば、24,117,248 個のピースに分割し、11 段に分けると、面積は 5 で割れ、12,393,906,174,523,604,992 個のピースに分割し、30 段に分けると、面積は 10 で割れるようになることが保証されるなど。要約すると、非常に大きな数字の個数のピースに分割することを除き、出発点の三角形からそれを適当に並び替えることにより、いくらでも面積の小さい図形をつくることができる。結論として、この節の初めで述べたことから、扇形の両端にある針を、いくらでも小さい面積を持つ図形の上で移動できるのである。ベシコヴィッチの定理は、このようにして証明された。なぜならば、このような扇形の端をつないでいけば、針を完全に回転させることができるからである。

　具体的に、このようにして得られる図形には問題がある。というのは、針がある場所から別の場所に移動するために、端に加えるべき《アンテナ》の数は、あっという間に天文学的な数字になるからである。上図の左側に描かれているものは、4つのピースで構成されており、右側の図は、それを模式的に示したものである。そして、必要なピースの数が増えれば増えるほど、その面積が減少するように、アンテナは引き伸ばされる。

   ...

　最終的には、ベシコヴィッチのプロセスにより、その面積が徐々に（可能な限り）小さくなる図形の無限の列の構成が可能になり、掛谷の問題に完全に答えを与えたのである。

❖星状領域の謎

　ベシコヴィッチによる解決の後、1つの疑問が生じる——掛谷の問題の話はこれで終わりか？　私たちは実際にこの構成に満足し、ここで研究を終える

ことは可能である。しかし、これは掛谷の問題の恩恵を、彼が提唱したものにのみに狭めることになる。この問題の特長は、その解決による展望や新たな問題への扉が開かれたことにあるのだ。たとえば、掛谷の問題をベシコヴィッチが構成した図形より、より単純な対象に制限するとどうなるか？ 実際、桁違いに大きい個数のピースを複雑な方法で集めることには、満足できないであろう。これこそが、この問題をもっと簡単な図形に制限しながら、数学者が研究を続けている理由である。それらの中の1つで、数学でよく用いられているものは、いわゆる凸領域である。ある図形が凸であるとは、両端がその領域に含まれる任意の区間が、この図形に完全に含まれることをいう。以下の図では、凸のものが2つと凸でないものを2つ示している。後者については、2点であって、それらを両端とする区間 (線分) がその領域をはみ出すようなものを描いている。

凸　　　　　　　凸　　　　　　　非凸　　　　　　　非凸

凸領域に対する掛谷の問題は、1つの解を持つ：ハンガリー人の数学者であるユリウス・パル (Julius Pál) が実際、1921 年に針の回転を可能とする凸領域の中で、正三角形よりも面積が小さいものは存在しないことを証明している[51]。よって、凸領域の場合、掛谷の問題はこれで完結した。その解は、その高さが針の長さとなるような正三角形である。より広い範疇(はんちゅう)の他の図形で、この問題を提唱できるのは、**星状領域**である。ある図形が星状形であるとは、この図形の内部の点であって次の性質を満たすものが存在することをいう——この点と他の内部の任意の点を結ぶ区間 (線分) が、この領域に含まれる。具体的に言うと、この領域にある点があり、そこからこの領域の任意の点が観察できるようなものをいう。次の図の最初の2つがこの場合に当たる。これらの2つの場合には、中心にいる観察者は、その内部全体を観察できる。その他

---

[51] 訳注：J. Pál, *Ein Minimumproblem für Ovale*, Math. Ann. **83** (1921), 311–319.

の場合、たとえば、輪環の場合は、どこにいようが、その直径に沿った反対側の点は絶対に観察できないのである。

　星状　　　　　　星状　　　　　　非星状　　　　　　非星状

　星状領域の場合、掛谷の問題はいまだに解決していない。ベシコヴィッチ型の定理はないことがわかっているだけである。というのは、カニングハム (Frederic Cunningham Jr.) は、1971 年に、もしそのような領域で針の回転ができるとしたら、その面積は必ず $\frac{\pi}{108}$、つまり、0.02908 $\cdots$ 以上であることを示しているからである[52]。現時点で知られている最良の解は、ブルーム (Melvin Bloom) とシェーンベルク (Isaac Jacob Schoenberg) によるもので、1965 年に遡る[53]。これは、下の図が示すように、円内の規則的な星状形から作られる。

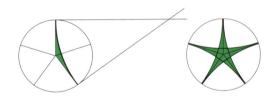

　5 つの分枝を持つ星状形であって、上図右側の図に示されているような針が回転できるものの面積は、0.31680 $\cdots$ である。もし、星状形の分枝の数を増やすと、その面積はゆっくりながら減少していくことが見受けられる。次の表は、いくつかの値を挙げている。

---

[52]訳注：F. Cunningham, Jr., *The Kakeya Problem for Simply Connected and for Star-Shaped Sets*, The Amer. Math. Monthly **78** (1971), 114–129.

[53]訳注：Cinningham, F., Jr. and Schoenberg, I. J., *On the Kakeya constant*, Canad. Jour. Math. **17** (1965), 946–956.

分枝の数	11	101	1001	10001
星状形の面積	$0.29044377\cdots$	$0.2843301\cdots$	$0.2842589\cdots$	$0.2842582\cdots$

　分枝の数が増加するたびに、その面積は値 $\frac{5-2\sqrt{2}}{24}\pi = 0.284258224\cdots$ に限りなく近付く。この数は、現時点で知られているものの中で最適のものである。星状領域の謎は、次の通り——この値より小さい値を実現できるのであろうか?

La conjecture de Kakeya
掛谷予想

　1905 年という年は、科学の歴史のターニングポイントとなった年であった。科学者の世界観を揺さぶることになる 3 つの極めて重大な結果が実に数か月ごとに生まれた年である。この 3 つの発見は、同一人物の偉業であり、あのアルベルト・アインシュタインによるものである。その 1 つ目は**光電効果**と呼ばれる物理現象で、かの有名な**光子**と呼ばれる《光の粒》の存在を明らかにするものである。これは、金属面に光子を当てると、電子を放出することができるという現象である。この基礎的な発見により、彼はノーベル物理学賞を受賞することになる。しかしながら、アインシュタインがその名を世に知らしめることになったのは 2 つ目の発見で、それは言わずと知れた **(特殊) 相対性理論**と、それに勝るとも劣らず知られている公式 $E = mc^2$ である。今や時間は絶対的なものではないのだ！　物質とエネルギーは混在しているのである。3 つ目の発見は、原子の存在の発見に匹敵するものである。これは当時の顕微鏡では見ることは完全に不可能であり、観察のしようがなかった。アインシュタインはそれまで説明のつかなかった現象を解釈することによってのみ、その存在を導いたのであった。それは、**ブラウン運動**である。

　ブラウン運動の発見は、ペニシリンや放射線のように予想外の発見であり、科学の歴史に銘を打つものである。1827 年に、植物学者のロバート・ブラウン (Robert Brown) は、花粉の粒から生じた有機塵を顕微鏡で観察した。彼は直ちにその動きの奇妙さの虜になった。これらの分子は、液体の内部を不規則で連続的な軌跡を描きながら、カオス的で予想のつかない動きをしていた。ブラウンは生物的な現象だと考えたが、真水の中の鉱物の描く軌跡を観察した結果、この最初の説明をあきらめた。

　実際 20 世紀初め頃まで、この現象が何に起因するのか、学者達は興味を惹かれ続けていた。事実、これは水の分子の絶え間ない運動によるもので、水

の分子が粒子にぶつかり続けることにより、粒子は不秩序な軌道を描くのである。この水の分子の大きさは、有機塵の大きさよりも遥かに小さく、当時の光学の方法では、扱える範囲外のものであった。その反面、塵の粒子は顕微鏡で観察でき、そのエンドレスな動きにばかり気を取られ、目に見えない水の分子の絶え間ない運動の存在に気付くことができなかったのである。アインシュタインは、塵の動きが、より小さい分子の作用によるものであることを理解することにより、原子の存在を導けたのである。1906年には、彼は既に知られているブラウン運動の概念と原子の存在を関連付け、ブラウン運動の理論付けを行ったのである。物理学者ジャン・ペラン (Jean Perrin) は1909年まで、あらゆる実験を行い、これらの理論の確証を得た。

　しかし、歴史はそこで終わらなかったのだ。ようやくその構造が解明されたブラウン運動というものが、数学者を惹き付け始めた。彼らは、この運動が不規則な運動の普遍的な例であることに気付いたのだ。事実、粒子の軌跡そしてその途切れることのない方向転換を支配するものは、偶然以外の何物でもないのである。この偶然の生み出す軌跡は特に複雑で、それまで数学者がよく出会っていた曲線とは全く似通っていないのである。このような軌跡について次図で異なるステップを描いており、その軌跡の最初の状態から、発展しながら次から次へと絡んでいる様子を見ることができる。このような軌跡は、どの点においても傾きを持たないという数学的な性質を持つ曲線を描く。この事実は、ジャン・ペランに次のように書かせた——《ブラウン運動の場合、数学者が想像し、私たちが単なる数学的に特異なものと見誤っていた、微分不可能な連続函数を考えるのがごく自然である。なぜならば、実験結果が示しているからだ》。ブラウン運動による軌跡の複雑さは、数学者にとって大きな困難の根源であったが、一度この困難を克服した後、ブラウン運動は偶然が関わる現象を調べるための不可避の道具となったのだ。今日、それは偶然を調べる確率論と呼ばれ

る科学の中心課題となっている。

　ブラウン運動の数学的な研究は、他の奇々怪々な現象を明らかにした。平面上のブラウン運動による軌跡は、「面積のない」平面図形を描くのだ！　このようなオブジェは、平面図形でありながらその面積は0という、数学的に逆説的な存在なのである。この種の図形は、今日提唱されている掛谷の問題の核心にある。実際に、この問題はベシコヴィッチの傑出した結果により、終わったもののように思えたが、この未知の図形の出現は、掛谷の問題に新たな息吹を吹き込むことになった。数学者が、**掛谷予想**と呼ぶものが芽生えるのである。

❖面積が 0 というオブジェの世界

　ベシコヴィッチの定理は、面積がいかに小さい図形であっても、針を1回転することが可能であることを示している。この結果をみると、状況を単純化したいという考えから、私たちは次のより直接的な疑問を呈するのである——面積が0の図形で、針を1回転できるものが存在するか？　もしそれが正しければ、掛谷の問題の回答は、次の言葉で述べられる——《最小の面積は0である》。この単純な定式化は、意味深い概念的な難点が隠れている。どういう奇跡が起これば、ある《平面図形》の面積が0になり得るのだろうか？　どうすれば、針が回転し得るという実体のある図形が、面積を全くもたない状況に至るのであろうか？　ここにブラウン運動が登場するのである。この曲線以上の曲線であり、平面図形以上の平面は、非常に広大な領域に向けての新しい扉を開いている。それは面積0のオブジェのことである。

　まず、この面積0のオブジェの世界は、点や直線のように、とても馴染みのある幾何学的な図形を含んでいる。実際に、これらのオブジェに厚みはなく、何も覆うものはなく、その占有面積は0となる。同様に、私たちが描き慣れている、放物線や正弦曲線やスパイラルのような曲線も、その面積は0となる。曲線としての円は、どのような面積を持つ平面図形も覆わない。

　何の疑いもなく、曲線の面積は 0 であると信じるであろうし、数学者自身も、1890 年にイタリア人数学者ジュゼップ・ペアノ (Giuseppe Peano) が、正方形を完全に埋め尽くす曲線、つまり、曲がりくねった曲線で正方形をあますところなく覆う曲線が存在するという予想外の発見[54]をするまでは、そのように信じていた。特に、この曲線の占有面積は、ちょうど正方形の面積に一致し、したがって 0 にはならない。この結果は当時の考え方に多大なる衝撃を与えた。誰もが驚嘆していた、曲線と曲面は本質的に異なるものであるという確信は、根底から見直しを迫られた。この曲線を、明白な方法で表示するには問題がある。というのは、最終的に得られる図形は、いつも一様に満たされた正方形だからである。しかしながら、スケッチのようなもの、つまり上図の右側にあるものに少し似たものを想像することは可能だが、それはあまりにも密に詰まっていて正方形を完全に覆うため、結果的にその面積は正方形の面積と一致するのである。が、図の観察による視覚化には警戒するべきである。なぜなら、数学用語の意味する曲線は、そもそも厚みをもたないので、そんなものは《目に見えない》はずだからである。しかし、図の上では、すべての曲線は厚みを持っているので、正方形を覆う曲線を描くことは容易いことである。子供が正方形にクレヨンで色付けをするようにすればよいのだ。この曲線は、ここで記述するには複雑すぎるので、その存在を認めるに留めることにしよう。いずれにせよ、ペアノの例は、面積が 0 のオブジェを曲線を用いて作る際には、慎重にならなければならないことを示している。ましてや、面積が 0 でありながら、針を回転させることができるくらい十分な場所を占有する図形を探す場合は、なおさらのことである。

　単純な直線より複雑で、どのような面も覆わないような図形を得る直接的な

---

[54]訳注：G. Peano, *Sur une courbe qui remplit toute une aire plane*, Math. Ann. **36** (1890), 157–160.

プロセスが存在する。それは、面積が徐々に減少し、ついには消えるまで図形の列を作ることによって実現される。より正確には、最初に決めた同じ操作を無限回繰り返すのである。直感に従うものとは逆に、無限回のステップにもかかわらず、最初のオブジェは消えることなく面積が 0 の跡は残っているのである。

面積 = 1

面積 = 0.82498…

面積 = 0.68059…

面積 = 0

上図において、出発点のオブジェは五角形を集めたもので、行うべき操作は明らかであり、各五角形を適当なサイズに縮小したものに置き換えることである。このプロセスを無限回繰り返すことにより得られるオブジェの面積は 0 である。各ステップごとに作られるオブジェの面積はより小さくなっており、その極限が 0 になる。最終的に得られるオブジェは、無限回のステップの後に結実したものであり、その全体像を頭の中で思い描くことは難しい。これは、より単純なオブジェであっても、数学ではしばしば出会うものである。たとえば、直線は頭の中では線分が無限に延長されたもののように感じているが、そもそも図に描くのは線分であり、その残りは想像しているにすぎない。五角形の場合、拡張して伸ばしていく代わりに、想像力を働かせなくてはならないのは、当然ながら、この図形の内部で無限回繰り返す操作についてである。厳密に言うと、この図形は、その面積が直線のように 0 なので、目には見えないはずのものである[55]ということを付け加えておこう。同じプロセスによって、面積が 0 となるようなあらゆるオブジェを作ることができる。ここに三角形の場合に作られるものを示しておく。

---

[55] 訳注：元来、直線や線分といったものは幅を持たないので目に見えないはずであり、普段図に描かれているものは、視覚化して説明するための便宜上のものである。

面積 = 1　　面積 = 0.8125　　面積 = 0.66015⋯　　面積 = 0

　このように、中をくり抜いて空っぽにしていくプロセスとは逆に、拡張していくプロセスを想像してみよう。事実、限りなく折り返された直線の生み出す図形は面積が 0 のままであるが、通常の曲線より豊かな構造を持っている。以下に、**ピタゴラスの樹**と呼ばれる、1 つの例を挙げてみよう。

　ここでは、相次いで拡張される部分の面積はすべて 0 であり、最終的に得られたものの面積も、やはり同様に 0 になるが、空っぽの三角形や五角形に似た形状を持っている。さて、ここで今までの作り方を忘れて、今発見したばかりの面積がない空っぽのオブジェをいくつか見せよう。まずは、ほとんど骨と皮だけからなるオブジェで、**ゴスパーの島**という名前で知られているものを示す。次に続くのは、**アポロニウスの網**で、これはもう少し密集している。六角形からなる**雪の結晶**がこれに続き、更に、空っぽの三角形、五角形そして七角形が続く。それぞれの図形の下に示されている数字の意味は、以下の文中で説明される。

　これらの図形はすべて、その面積が 0 であるが、これらは少しずつ空間をより密に占有しているように見える。このように、アポロニウスの網はほとんど骨と皮だけなのに対し、最後の図では黒い部分が多くなっており、空間を

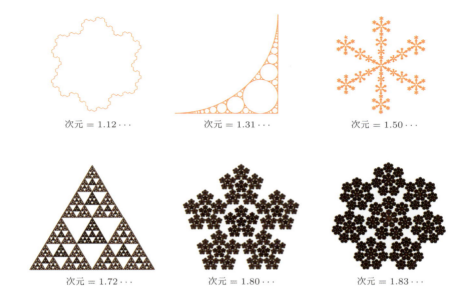

次元 = 1.12···   次元 = 1.31···   次元 = 1.50···

次元 = 1.72···   次元 = 1.80···   次元 = 1.83···

より多く占有している。繰り返し述べると、これらのオブジェの面積は 0 であり、この《密度》の差は感じられないはずである。この視覚的な印象を具現化するために、面積について語ることはもう止めて、この図形の **フラクタル次元** と呼ばれる別の量について語ろう。上で取り扱った各例の下に書かれてあるのが、この値である。それは、骨と皮だけのような図形ならば 1 に近く、曲面のようであれば 2 に近いので、これは私たちが次元に対して持っている直感的なアイディアと辻褄(つじつま)が合っており、次元が 1 のオブジェは曲線に近く、次元が 2 のオブジェは曲面に近い[56]。ここで示したオブジェは曲線と曲面の間のようなものなので、結局、その次元も 1 と 2 の間の値を取り、これがフラクタル次元である。

　このフラクタル次元は、確かにこれらの図形の《厚み》の感覚的なアイディアを記述してはいるが、まずこれは数学的な量であり、面積や長さのように正確な公式に基づいている。それほど複雑極まりないというわけではないが、あ

---

[56] 訳注：曲線という概念は直線を含み、曲面という概念は平面を含むことを思い出しておこう。

る程度の抽象化が必要なので、ここではこれらの公式の詳細には立ち入らないことにする。いずれにしても、長さも面積も持たない、全く新しい幾何学的な図形に対し、このフラクタル次元はその特性を捉えるための手掛かりを与える。私たちの子供時代に出会った幾何学は、円、三角形や正方形などの面積や1辺の長さを計算できるような図形で満ちていた。フラクタルなオブジェは簡単には理解できないが、フラクタル次元は、この世の中で類まれな複雑さを持つものの中にあって、直感的に対応する量を表しているのである。

　フラクタル次元が明かした最も驚嘆すべき現象は、面積を持たない面の存在である。実際に、アポロニウスの網やピタゴラスの樹と同様に複雑に見えるオブジェは、完璧に秩序だった構成から作られているとは限らず、面積が 0 の極めて多様な複雑さを持つ世界の、ごく一部を垣間見せているにすぎないのである。特に、一見して信じ難いことであるが、フラクタル次元が 2 であって面積が 0 のオブジェが存在するのである。その空間の占有の状態から曲面に見えるが、その面積が 0 であるという事実は保たれている。曲面が面積を持たないことはあり得ない現象のように思われるため、このような図形の視覚化は、まさに想像力に対する挑戦と言える。この逆説の鍵は、このような図形は普段使われる言葉としての曲面そのものではなく、それはただ空間の中の曲面のような一部分を占めているということだけである。更に驚くべきことは、先験的（ア・プリオリ）には、人工的で非常に抽象的なこのようなオブジェは、自然の中で出会うものであり、アインシュタインが原子の存在を証明できるに至ったブラウン運動のようなものの 1 つにすぎないということである。ブラウン運動が発見された 100 年後に、それが面積 0 の世界に属していることを明らかにしたのは、数学者ポール・レヴィ (Paul Lévy) である。

　今までの考察は、掛谷の問題からかけ離れているように見える。しかし、ベシコヴィッチの驚くべき解を調べると、その面積がどれほど小さくても、針を回転させられる図形を与えていることがわかる。このように、ベシコヴィッチの構成が作り出すものは、その面積が徐々に小さくなっていく図形の列にすぎない。少し前で出会った図の列は、ピタゴラスの樹や空っぽの五角形のように、すべて面積が 0 の図形に到達したことを思い出しておこう。ベシコヴィッチの列から得られる最終的なオブジェはどのようなものなのだろうか？　その

フラクタル次元はいくらのだろうか？　それは、骨と皮だけからなるような図形なのだろうか？　それとも、密集しているのであろうか？　いや、もしかすると、その面積は 0 なのだろうか‥‥。

❖掛谷の問題からこぼれ落ちた種

　これらの問題に対する最初の試みには、悪い知らせが待ち受けていた――ベシコヴィッチの提唱した図形の列は、なんと失敗に終わるのである。確かに、その面積は毎回 0 に近付きはするが、このプロセスは最終的なオブジェに行き着くことなく、無限回繰り返されるのである。そしてもちろん、そのようなものは存在せず、そのフラクタル次元や全容を問うこと自体が意味を持たないのである。何が起こっているのか？　ベシコヴィッチの図形を再検証することにより、状況は少しはっきりする――つまり、ある特定のゾーンに留まることはなく、逆に、上の方に限りなく伸びているのである。これについては、以下の概略図による表現で確認できる。

　ここに観られる、永久に拡張し続ける現象が、最終的なオブジェを見えなくしているのである。これは常に、より遠くに輪郭を押しやっていて、この最終的に得られるであろうオブジェを無限の彼方に消し去っているのである。この状況は頻繁に起こり、次の図に示される、輪環のような単純な例を考えることによって、この現象をより簡単に理解できる。

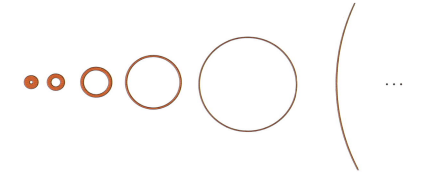

　この列では、各ステップにおいて、輪環の厚みは 3 で割られ、その直径は 2 倍されている。この輪環の面積は、必然的に減少し 0 に近づいているが、その直径は毎回より大きくなっており、それは用紙の空間上で限りなく伸び続けている。最終的なオブジェは、留まることなく無限の彼方に押しやられ、消えていくのである。後知恵ではあるが、前節の列では、あのフラクタルな図形に至ったものは、ある範囲を超えることはなく無限への拡張という現象には至らなかったのである。

　繰り返すと、ベシコヴィッチの列で作られる図形のフラクタル次元を問い続けることにより、途中のステップを飛ばし、最終的な図形そのものが自然に存在すると仮定していたのである。現実には、ベシコヴィッチの定理は、ただ単に面積が減少し続ける図形の列を与え、針を 1 回転させられる図形の面積はいくらでも小さくできることを示しているだけで、最終的なオブジェはないのである。しかしながら、この失敗は一時的なものでしかなかった。というのは、このような状況にもかかわらず、掛谷の問題を少し修正した条件の下で、最終的な図形が存在するような図形の列を得ることが可能であることがわかったのである。この修正は、針をその内部で 1 回転させることではなく、単にその内部に「ありとあらゆる方向に」針を置けることだけを要求するものである。これは掛谷の問題の要求を緩めている。なぜならば、針を 1 回転できるすべての図形は、この針をありとあらゆる方向に置けるからである。事実、完全に 1 回転する間に、針は連続的に平面のすべての方向をなぞっており、これが、針の回転時の異なる位置、そしてその対応する方向を示す次の図で、明ら

かにしていることである。

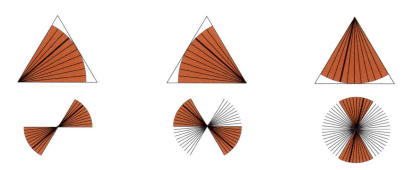

逆に、針を完全に1回転することはできなくても、ありとあらゆる方向に針を置くことができるような図形を想像することができ、以下の図はその1例を与えている：

この最後の図は、最初の円盤を構成する3つのピースを重ねて描いたものである。ここでは、針をありとあらゆる方向に置くことは可能であるが、1回転させることはできない。このように、針を1回転させることを要求する代わりに、ありとあらゆる方向の針があることを要求することにより、図形の選択の幅をかなり拡げている。そこで、掛谷の問題は、以下のように述べられる：

新たな掛谷の問題 面積の最も小さな図形で、ありとあらゆる方向の針を含むものは存在するか？

言い換えると、針を1回転させることができる図形の代わりに、針をありとあらゆる方向に置けるだけでよいということである。このようにして、針の動きの連続性から開放され、ベシコヴィッチの図で、この連続性に必要なすべての要素、つまり、鉛直方向の拡張が必要になったあの《アンテナ》を取り

除くことが可能になる。新たな掛谷の問題に答えるこれらの新しい図形は、ある領域で囲まれており、もはや無限に伸びることはないのである。

このように切り続けることによっても、この列は残念ながらある程度以上面積を小さくできないが、ベシコヴィッチは、彼の構想に非常に似た、今度は最終的なオブジェに至るものを構成した。以下の図は、実際のものとはやや異なるが、どういうものかを見せるためだけに示している。

その極端な複雑さのため最終的な図は描かれていないが、その存在を確認できただけで私たちには十分である。ついに、最も小さな面積——0——に到達したのである。この神秘的な図により、新たな掛谷の問題は、究極的な回答を得、ベシコヴィッチの定理は、最終段階に至る:

ベシコヴィッチの新定理[57]　ありとあらゆる方向の針を含む面積が 0 の図形が存在する。

新たな掛谷の問題にこれだけ明快かつ直接的な回答を与える、このベシコヴィッチの図形とはどのようなものであろうか？　これは無限に続き、その面積が毎回減少し続けているオブジェの到達点であり、その次元を問うのは自然なことである。別の言い方をすると、ベシコヴィッチの図形は、骨と皮だけに近いのかそれとも密集しているのか、どちらであろうか？　この図形のフラ

---

[57]訳注：A. S. Besicovitch, *Sur deux questions de l'intégrabilité des fonctions*, Jour. Soc. Math. Phys. (Perm) **2** (1920), 105–123.

クタル次元は 2 に等しいことがわかる。ブラウン運動のように、この図形は、前述のあの極端なオブジェに属するもの、つまり、《面積のない図形》の 1 つである。面積が 0 のオブジェの世界では、それは骨と皮からなる図形の対極にあり、本当の曲面の《密集している》という様相を持っている。後天的に[58)]、この結果はかなり妥当に見え、実際に、あらゆる方向の針を含むことのできる場所があるためには直感的にも自然であるように思え、骨と皮だけからなる図形でよいとは想像し難いものがある。すなわち、掛谷の問題に答えるための最小密度の存在は、ベシコヴィッチの図形に、曲面のように空間を覆うことを要求しているのである。その面積が 0 であろうと、フラクタル次元は通常の曲面と同じように 2 でなければならないのだ。

この問題においては、その他のすべての数学の問題のように、最初の直感に直面しても、依然懐疑的でい続けなければならない——本書を読み始めた時点で、掛谷の問題が、この面積がない空っぽのオブジェに私たちを導くとは、誰が考えただろうか？ なぜ、この問題は今、フラクタル次元が 2 未満の図形に導かないのであろうか？ 1971 年にイギリス人数学者のロイ・デイヴィス (Roy O. Davies) はこの新しい疑問に終止符を打った[59)]——掛谷の問題に答える、すべての面積が 0 の曲面のフラクタル次元は 2 でなければならない。したがって、掛谷の条件を満たす、ありとあらゆる方向の針を含む図形の次元には、下限があるのである。

❖ 予想

掛谷の問題は完全に解決したのであるが、今日の数学者の目で見て、どのような関心事を呈示しているか？ 数学のある重要な問題は《高次元版の》掛谷の問題と関わっており、それはいまだに解決していない。このことは、もしこの問題が解決していたら、一見かなり離れているように見える数学の他の重要な問題が解決することを意味している。では、この高次元版の掛谷の問題

---

58) 訳注：ここでは、「先験的(ア・プリオリ)」の反対語。
59) 訳注：Roy O. Davies, *Some remarks on the Kakeya problem*, Proc. Camb. Phil. Soc. **69** (1971), 417–421.

とは何か？　ここまでは、針を平面図形の内部で回転させることが問題であった。平面は 2 次元の図形なので、この問題は、**2 次元における掛谷の問題**と呼んでもよいであろう。この別の問題を提起する方法は、全く自然に 3 次元の空間における、この問題のあるべき姿に導かれる。このような空間においては、掛谷の問題では、もはや平面のあらゆる方向の針を含む図形を考えるのではなく、3 次元のオブジェであって、空間のありとあらゆる方向の針を含むものを考えるのである。

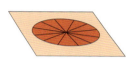

　2 次元において円盤が最初に思い浮かんだ曲面であったように、3 次元でありとあらゆる方向の針を含ませるようなもので、思いつく図形は球体である。しかし、他の可能性もある。たとえば、右上で示されているように、正四面体はありとあらゆる方向の針を含みその体積は球体よりも小さい。よって、3 次元における掛谷の問題の類似は、以下の通りである——空間のありとあらゆる方向の針を含み、その体積が最小のものは存在するか？　その回答は 2 次元の場合のように劇的で、そのようなオブジェは存在し、その体積は 0 となる。このオブジェの構成は、2 次元のベシコヴィッチの図形の単純な一般化で与えられる。

　一度、体積の問題が解決したら、2 次元の場合のように、その解を与える図形の《密度》、つまり、そのフラクタル次元について問い掛けるのである。平面図形で起こったことと全く似たような方法で、曲面と立体の間にある空間のオブジェの存在を示すことができ、結果的に、そのフラクタル次元は 2 と 3 の間の値を取る。このようなオブジェは、たとえば、(内部を) 空っぽにする過程で得られる。次の図では、出発点のピースは立方体であり、極限として得られるオブジェは**シェルピンスキーのスポンジ**[60]とここでは呼ぶことにし、そのフラクタル次元はほぼ 2.73 である。

---

60) 訳注：メンガーのスポンジ、とも呼ばれる。

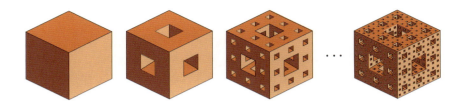

　2 次元の場合と同様に、この種の構成は、《体積のない立体》という、曲面でいうところの面積が 0 のものに対応する、逆説的なオブジェに到達する。これらのオブジェは、その体積が 0 でありながら、そのフラクタル次元は 3 となっている。2 次元の場合との完全な類似で、現時点で知られている、体積が 0 であって掛谷の問題に答えるようなオブジェは、すべてこのようなタイプである。こうなると、フラクタル次元を小さくできるかという疑問が生じる——掛谷の問題に答えるようなオブジェであって、そのフラクタル次元が 3 未満のものは存在するか？　デイヴィスの定理がこの問題に最終的に決着を与えた 2 次元の場合と異なり、今のところそのようなオブジェが存在するかどうかは誰も知らない。数学者は存在しないだろうと思っており、以下のように述べている：

　　3 次元版の掛谷予想　空間のありとあらゆる方向の針を含むオブジェのフラクタル次元は 3 である。

　それゆえに、体積が 0 の立体の中で、掛谷の条件を満たすものは、必然的に最も《密集している》ものとなる。この予想は全く証明されておらず、私たちの知る限り最も進んだ結果は 3 人の数学者カッツ (Nets Hawk Katz)、ラバ (Izabella Laba) そしてタオ (Terence Tao) によるものである[61]——このようなオブジェのフラクタル次元は必ず 2.5 より大きい。これは、最近の結果

---

61) 訳注：N. H. Katz, I. Laba and T. Tao, *An Improved Bound on the Minkowski Dimension of Besicovitch Sets in* $\mathbb{R}^3$, Ann. Math. **152** (2000), 383–446.

で 2000 年に出版されたものである[62]）。

　平面における掛谷の問題から空間における掛谷の問題への小径(パッサージュ)は自然に行われ、この 4 次元への似たような小径を企てることは可能である。そうなると、4 次元の空間のありとあらゆる方向の針を含むような図形を探し求め、前と同様に、そのフラクタル次元も求めるのである。そこでは、掛谷の問題に答える図形であって、そのフラクタル次元が 4 より小さいものは見つかっていない。よって、前述と同じ (必要とあらば適切に書き換えた) 予想に直面するのである。全く自然に、掛谷の問題を、5, 6, 7 次元等へ拡張することもでき、常に同じ予想に至るのである——フラクタル次元は小さくなり得ない。数学者達は、これらを 1 つの声明、つまり掛谷予想にまとめるのである：

　　掛谷予想　n 次元空間において、ありとあらゆる方向の針を含むようなオブジェのフラクタル次元は n である。

　要約すると、《体積》は消えるまで減らせるかもしれないが、次元は圧縮できない。具体的な空間とは異なる次元を考えるため、この予想は非常に抽象的に感じるかもしれない。しかしながら、これは数学者の大いなる関心を惹いている。なぜならば、それは他の《大問題》と関係しているからである。この予想の解決は、他の多くの問題の解決をもたらすことができ、次章で 1 つの例を示しておく。

---

[62] 訳注：本書翻訳中に、以下の論文が出版された：N. H. Katz and J. Zahl, *An Improved Bound on the Hausdorff Dimension of Besikovitch Sets in* $\mathbb{R}^3$, Jour. Amer. Math. Soc. **32** (2019), 195–259. それでもなお、最終的な予想の解決には至っていない。これこそが「科学は生きている」という証拠である。

展 望

　90年代以降、掛谷の問題は数学の他の重要な問題との間に予想外の関係が見出され、再び脚光を浴び始めることとなる。このような予想外の関係性は、数学においてしばしば発見されているが、新たな知見や新しい道具を与えることから多くの数学者によって研究が進められている。先験的(ア・プリオリ)に異なる問題との関係性を明らかにすることは、数学の進歩の源泉にもつながっている。最もよく知られている際立って豊かな関係は、17世紀のルネ・デカルトによる発見である。この幾何学を代数学と結びつける関係は今日よく知られており、それはまさに、1つの函数を、1つの《座標系》を考えることにより、それを表す曲線と関連付ける方法である。この対応関係は、幾何学的な理由付けを数字や数学的な公式で置き換えることを可能にし、その結果私たちは**解析幾何学**について語ることができる。その他の例は、近年解決したフェルマーの大定理である。それは、フェルマーが証明したと信じていたものであるが、350年以上も数学者の前に立ちはだかった数論の問題である。アンドリュー・ワイルズがその証明を付けるという離れ業をやってのけたのは、つい20年ほど前の1995年のことである[63]。その偉業は、直ちにメディアに取り上げられた。本書では、この大雑把な証明のアイディアすら見せることはできないが、これは2つの異なる《保型形式》と《楕円曲線》という数学の分野の関係に基づいているというのは重要なことである。そして掛谷の問題は、この他の雄大で豊かな異なる分野の関係をつなぐよい例になっている。実際に、90年代の終わり頃に、掛谷の問題と素数の分布の間に思いがけない関係が見出された。この関係だけでは掛谷予想の解決には至らないが、この問題を調べる新

---

[63] 訳注:A. Wiles, *Modular elliptic curve and Fermat's Last Theorem*, Ann. Math. **141** (1995), 443–551,

R. Taylor and A. Wiles, *Ring-theoretic properties of certain Hecke algebras*, Ann. Math. **141** (1995), 553–572.

たな方法と道筋を与え、数学者ジャン・ブルガン (Jean Bourgain)、ネッツ・カッツ (Netz Katz)、イザベラ・ラバ (Izabella Laba) そしてテレンス・タオ (Terence Tao) によって部分的な解決に至ることができた[64]。

❖掛谷から素数まで

整数の研究をする数学の一分野に、**数論**と呼ばれるものがある。この科学の中心的な問題の 1 つは、素数を理解することである。素数とは、1 とその数自身以外では割り切れない数のことをいい、以下のリストでは素数を太文字で記している。

1 **2 3** 4 **5** 6 **7** 8 9 10 **11** 12 **13** 14 15 16 **17** 18 **19** 20 21 22 **23** 24 25 26 27 28 **29** 30 **31** 32 33 34 35 36 **37** 38 39 40 **41** 42 **43** 44 ⋯

たとえば、15 は 3×5 と書けるので素数ではないが、7 は素数である。1 という数字は、取り決めによって素数とみなさないものとする。ユークリッド以来、素数が無限に存在することは知られているが、この無限は規則的に配分されているわけではない。0 と 1000 の間には 168 個の素数があるが、10000 と 11000 の間には 106 個しかなく、1000000 と 1001000 の間に至っては 75 個しかないのである。ここで観察した素数の個数の減り方は限りなく続く。これについての厳密な証明は 19 世紀の数論の大問題であったが、1896 年に最終的に、ジャック・アダマール (Jacques Hadamard)[65] とシャルル・ジャン・ドゥ・ラ・ヴァレー・プーサン (Charles-Jean de La Vallée Poussin)[66] によって、独立に解決された。

---

[64] 訳注：J. Bourgain, *On the dimension of Kakeya sets and related maximal inequalities*, Geom. Funct. Anal. **9** (1999), 256–282,
N. H. Katz, I. Laba and T. Tao, *An Improved Bound on the Minkowski Dimension of Besicovitch Sets in* $\mathbb{R}^3$, Ann. Math. **152** (2000), 383–446.

[65] 訳注：J. Hadamard, *Sur la distribution des zéros de la fonction $\zeta(s)$ et ses conséquences arithmétiques*, Bull. Soc. Math. France **24** (1896), 199-220.

[66] 訳注：Ch-J. de la Vallée Poussin, *Recherches Analytiques sur La Théorie des Nombres Premiers - Première Partie*, Ann. Soc. Sci. Bruxelles **20** (1896), 183–256.

前述の数字のリストを検証しても、素数の間に何の秩序もなく、根底にある構造もなく無作為に現れているように思える。しかし、素数は正確な定義にしたがって定まっており、偶然に選んだ数字ではない。それは基本的なグループで、それらを掛け合わせることにより、すべての整数が作られるものである。よって、素数の分布にある種の秩序が存在すると思うことは自然である。素数の集合にある構造を明らかにすることは、数学者によって盛んに研究されている。その中のいくつかは、数字を縦に合理的に並べることにより、簡単に見ることができる。以下では、整数の集合の要素を 6 行からなる表の中で並べている。この表の中で、マスに色を付けることで見せている素数は、ある種の配列を描いている。

1	7	13	19	25	31	37	43	49	55	61	67	73	79	85	91	97
2	8	14	20	26	32	38	44	50	56	62	68	74	80	86	92	98
3	9	15	21	27	33	39	45	51	57	63	69	75	81	87	93	99
4	10	16	22	28	34	40	46	52	58	64	70	76	82	88	94	
5	11	17	23	29	35	41	47	53	59	65	71	77	83	89	95	
6	12	18	24	30	36	42	48	54	60	66	72	78	84	90	96	

| 5 | 11 | 17 | 23 | 29 |

　ある行には、素数がないことがはっきり見える。それは、4 行目と 6 行目であり、これに、1 つ目のマスを無視すれば、2 行目と 3 行目も付け加えることができる。実際に、これらの行には 2 か 3 の倍数のみがあり、この 2 つの数を除いて、すべての素数は 1 行目と 5 行目にまとまっている。それらは小さい束になっており、そのうち最も長いものは、整数 5, 11, 17, 23, 29 から成り立っている。このような配列の存在、つまり、素数の等間隔な配列は、これらの数字の分布にはある構造が存在するという曖昧な印象を強固なものにしている。6 行からなる表への整数の配置は興味深いものがあり、より大きな行数の表で試してみたくなる。最も興味深い配置は、6, 30, 210 行、つまり、連続す

る素数の積の行数のものである：

$$6 = 2 \times 3, \quad 30 = 2 \times 3 \times 5, \quad 210 = 2 \times 3 \times 5 \times 7, \quad \cdots$$

このような方法によって得られる素数の配列は、前述で得たものに比べ、より長いものがあることがわかる。このように、30 行からなる表には 6 つの素数からなる束がある：

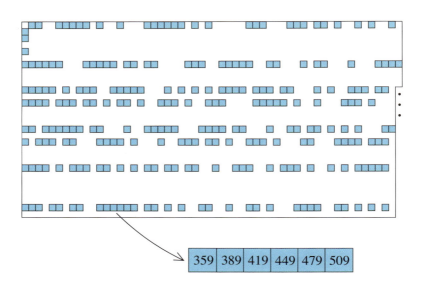

同様に、210 行からなる表は、10 個の素数の配列が現れ、ここにその例を挙げる：

$$199, \ 409, \ 619, \ 829, \ 1039, \ 1249, \ 1459, \ 1669, \ 1879, \ 2089.$$

このような等間隔の数の列のことを**等差数列**[67] といい、ここで観察される数の配列の基は、このタイプの数列である。たとえば、後述で示されている数の配列は、30 を繰り返し加えることで得られる 6 つの素数からなる等差数列を表している：

---

[67] 訳注：フランス語では、「progression arithmétique (算術数列)」という。

$$359 \xrightarrow{+30} 389 \xrightarrow{+30} 419 \xrightarrow{+30} 449 \xrightarrow{+30} 479 \xrightarrow{+30} 509.$$

　素数の配置に関する研究は、等差数列の研究に集約される。素数の集合の構造に関する完全な理解に比べて、このような研究の目的はかなり控えめであるように感じるかもしれない。この目標は現状では到達にはほど遠く、多くの基本的な問題がいまだに回答を持たないでいる。たとえば、今なお 26 個以上の素数の並ぶ例は知られていない。実際に上記の表では、最初の方の素数を列挙しているにすぎず、もしその表を拡張したら、素数の個数の希薄化の現象[68] を解釈するための、より重要な要素を見出せるかもしれない。これらの条件に基づいて、素数の配列は甚だしく希薄化し、長い素数の配列を探すことは本当に賭(か)けになるであろう。この希薄化は、素数の配列の個数に制限をつけるかもしれない。100 個、1000 個、または 1 万個の素数の作る等差数列は存在するのだろうか？　この問題は長い間数学者に挑戦状を送りつけていたが、最近、ベン・グリーン (Ben Green) とテレンス・タオ (Terence Tao) によって、最終的な到達点に至った[69]。彼らは、どれほど多くの素数からでも作ることができる等差数列が存在することを示した。言い換えると、どのような項数を与えようが、グリーンとタオの定理は、その項数の素数からできる等差数列が存在することを示している。特に、100 個、1000 個、または 1 万個の素数からできる等差数列が存在する。

　しかしながら、グリーンとタオの結果には短所がある——彼らの定理は、等差数列の存在は保証するが、それがどのようなものかは全くアイディアがなく、その具体的な決定にはほど遠い状況である。これは逆説的に思えるだろう。それを見つけられないのであれば、どうやって素数の配列の存在を証明するのであろうか？　示すべき目標は、素数の集合の中にある種の規則性を見出すことである。アイディアとしては、問題を逆手に取ることで、整数の中のあらゆる部分集合の中で、等差数列を含むものを探すのである。このより一般的な定式化は、先験的(ア・プリオリ)にはより難しいものになっているが、それにもかかわらず、新

---

[68] 訳注：素数の現れ方が、数が大きくなればなるほど、まばらになる現象のこと。
[69] 訳注：B. Green and T. Tao, *The primes contain arbitrarily long arithmetic progressions*, Ann. Math. **167** (2008), 481–547.

たな展望を開いているのである——たとえば、もし、すべての集合がこのような等差数列を必ず含めば、もちろん素数の集合についても成り立つわけである。つまり、前述の表の中の配置は、素数特有の性質として解釈してはいけないのであって、それは整数からなるどのような集合にも成り立つ普遍的な性質なのである。しかし実は、そうとも言えない。なぜならば、等差数列を含まないようなものは多くあるからである。2 のべき乗からなる集合はそのような例の 1 つである：

$$2, \ 4, \ 8, \ 16, \ 32, \ 64, \ 128, \ 256, \ \cdots$$

実際に、この集合では、ある数とその次の数の差は、その前にあるいかなる数との差よりも大きい。結果的に、2 のべき乗からなる集合の中では、3 つの等間隔の数を見つけることさえ不可能なのである。反対に、かなりの規則性を持つ集合もある。たとえば、奇数からなる集合である：

$$1, \ 3, \ 5, \ 7, \ 9, \ 11, \ 13, \ 15, \ 17, \ 19, \ \cdots$$

この集合は、無限に伸びる等差数列から構成されているので、言うまでもなく、あらゆる項数の等差数列を含んでいる。見ての通り一般的な規則はなく、ある集合にはあり、他の集合にはない。しかもそれは、簡単には区別できない。ところが、1975 年に数学者エンドゥレ・シェメレディ (Endre Szémerédi) は、ある集合が任意の長さの等差数列を含むかどうかを判定する手法を与えた[70]。この方法は、問題の集合の密度を計算することが基本になる。これを表の中のマスに色を付けることで視覚化すると、その密度はだいたい、色付きのマスの数と全部のマスの数の比のようなものである。たとえば、奇数のなす集合の密度は $\frac{1}{2}$ であると言われる。

---

[70] 訳注：E. Szémerédi, *On sets of integers containing no k elements in arithmetic progression*, Acta Arith. **27** (1975), 199–245.

一般的に、より複雑な集合に対しては、その密度はそこまで直接的な方法では得られず、その決定にはより一層の努力を必要とする。ここに、2 のべき乗の集合の場合に、どのように求めるかを示す：

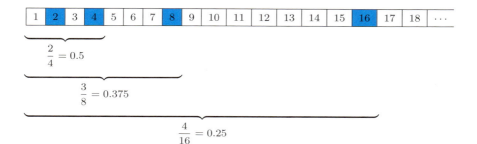

ここでは、各ステップにおいて、色付きのマスに対する考察対象のマスの数の比を書いている。このようにして計算した値の極限値として、集合の密度を定義するのである。ここでは、最初の 3 つのステップで数値 0.5, 0.375 そして 0.25 が現れた。これを続けると順に、0.15625, 0.09375 そして、0.05468 等となっていく。このようにして極限を取ると、0 を得るであろう。したがって、2 のべき乗の集合の密度は 0 なのである。この極限移行で、無限の数からなる集合でもその密度が 0 になるものがあることがわかったのだが、このことは、この集合の元は、整数全体の中でますますまばらに存在していることを表している。直感的には、非常にまばらにしか数のない集合は、密な集合に比べ、等差数列を含む可能性はより低いことがわかる。シェメレディの定理は、集合の密度と等差数列の存在の関係を確立したもので、以下のように述べられる：

シェメレディの定理 ある集合の密度が 0 でなければ、どのような長さの等差数列もその集合に含まれる。

この定理は、もしこの集合の元はあまり分散されていなければ、必ずどのような長さの等差数列をも含むということを意味している。これは私たちが思っていたよりも更に強い主張をしている。というのは、これは密度が相当小さい集合にでも適用可能で、どんなに長い等間隔の数字の列の存在をも保証してい

るのである。たとえば、ある集合の密度が 0.01 であった、つまり平均すると 100 個のマスの中の 1 つだけが色付きになっているとする。このようなものでも、必ず、長さが 1000、1 万、または 10 億の等差数列を見出せるというのである。シェメレディの定理の関心は、一度、その密度が 0 を越えたら、その集合にはある種の構造があることを述べており、これがたとえ、その元を偶然に選んで作ったものであったとしても、ある種の規則性は必ず存在するのである。この定理の強みを捉えるには、この集合の元の配置が極端に無秩序であり得ることを理解するべきである。以下の例は、とても規則的な集合から出発して、どのようにして、同じ密度を持つ無秩序な集合を作るかを示すものである。

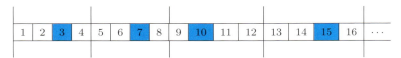

たとえば、$\frac{1}{4}$ のような密度を 1 つ固定し、そこから始める。まずは、最も規則的な要素の配置を考える。この集合に、密度が $\frac{1}{4}$ という事実を保ちながら、無秩序さを取り入れるために、上の色付きのマスを、各 4 マスのグループには 1 つしか色付きのマスがないようにしながら、移動させる。

この集合に、あらゆる長さの等差数列が含まれることは、もはや全く自明なことではない。4 マスのグループの代わりに 16 マスのグループを考えることにより、更に状況を複雑にできる。それは 1 つの (16 マスからなる) グループの中から、色付きのマス 4 つを配分するのである。このような集合の密度は、その見た目の複雑さにもかかわらず、常に $\frac{1}{4}$ で、規則性の存在は、またしてもシェメレディの定理によって保証されている。

そろそろ、素数の集合上のある種の規則性に関する研究という、出発点の問題に戻る時が来た。シェメレディの定理は、より一般的な集合に適応可能なことから、この問題に到達することが可能となる——とても無秩序な集合にも規則性を見出せるか？ 密度が 0 ではないという、驚くほどゆるい条件の下で、その回答は肯定的である。よって、素数の集合の密度が 0 でないことを示すことができれば、あらゆる長さの等差数列の存在が自動的に導かれるのである。しかしながら、素数の集合の密度は 0 になっている。これは 1808 年以来知られている有名な結果であり、数学者がルジャンドルの希薄性定理[71]と呼んでいるものである[72]。正確に言うと、この時、シェメレディの定理は、密度が 0 の集合に対しては何も主張しておらず、そのような集合は、等差数列を含むこともあれば、全く含まないものもある。結果的に、シェメレディの定理からは、素数の集合の規則性については、何も結論付けることはできないのである。

このような状況にもかかわらず、こうした研究から得られた教訓は何か？ まずは、着眼点の逆転——素数の集合に焦点を置くのではなく、むしろ等差数列を含むあらゆる集合について調べ、素数の集合がこのようなタイプの集合かどうかを調べるのである。この逆転の発想によって、素数の集合に存在する規則性は、その集合を含む広い範疇の集合に適用できる定理の帰結であると思えるのである。それは、シェメレディの定理を、素数の集合を含む十分広い範疇の集合に適用できるような《精密化》をするための、1 つのアプローチの道筋を示している。まさにその精密化によって、数学者グリーンとタオが 2008 年にこの規則性の存在の証明に成功したのであった。

ここまでのすべての話と掛谷の問題との関係は何か？ それは、シェメレディの定理の詳細、たとえば、等差数列がどこに現れるかなどの問題に興味を持つと、大きな関わりが見えてくる。言い換えると、等差数列が存在するか否かだけでなく、どこに見つかるかまでを問うのである。集合そのものがかなり複雑でない限り、その回答は、比較的簡単に得られる。たとえば、1 グループ

---

[71] 訳注：アドリアン-マリ・ルジャンドル (Adrien-Marie Legendre) による次の著書で提出された定理である。
A. -M. Legendre, *Essai sur la théorie des nombres*, Paris, Courcier 1797–1798, p. 394.
[72] 訳注：フランス以外では、この結果は「素数定理の系」と呼ばれるものである。

が 2 マスからなるものの中から 1 マスずつ選び、その密度が 0.5 になるものを考えると、6 マス以上の中には、等間隔になるような 3 つのマスが必ずあることがわかる。

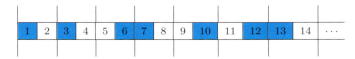

上図は、等差数列を見つけるには、7 つ目の色付きのマスまで待たなければならないような配置を示している：

$$1 \xrightarrow{+6} 7 \xrightarrow{+6} 13$$

この例に対し、数 7 は、3 つの数からなる等差数列の存在を保証する**限界**であるという——7 つのマスをチェックした途端に、このような数列は必ず存在するのである。もし、考察対象の集合がより複雑ならば、そのような列に出会う確信を得るには 7 つ以上のマスをチェックする必要がある。この限界は、そうなると、天文学的に大きな数字となる。1999 年に、数学者ジャン・ブルガン (Jean Bourgain) は、これらの数字と掛谷の問題との関係を見出した[73]。この重要な発見により、彼は掛谷予想に対して有意義な進展を図った。

この予想によると、ありとあらゆる方向の針を含み、かつその体積が 0 の図形のフラクタル次元は、その図形の次元と一致するはずである。たとえば、3 次元空間の中での話ならば、この予想により、そのフラクタル次元は 3 となるべきである。この結果は、予想を解決するものではないが、そのフラクタル次元が最低いくらになるべきかを示している。3 次元空間の場合、その数字は 2.04 で、そのフラクタル次元は 2.04 以上であることを示している。次の表では、他の次元の場合に、予想による次元とブルガンによる結果を並行して示している。

---

[73] J. Bourgain, *On the dimension of Kakeya sets and related maximal inequalities*, Geom. Funct. Anal. **9** (1999), 256–282.

	予想による数値	ブルガンの結果
4 次元の場合	4	2.56
5 次元の場合	5	3.08
10 次元の場合	10	5.68
100 次元の場合	100	52.48

　2 列目は、すべて公式 0.52 × 空間の次元 ＋ 0.48 により計算されており、私たちが求めているものの半分より少し大きい量である。これは、ベシコヴィッチの図形のフラクタル次元とシェメレディの定理によって記述される、整数の集合の規則性の間の予想外の関係に関する発見のもたらした著しい進歩である。

❖ ブルガンによるアプローチ

　掛谷の問題から出発して、等差数列に至る道筋は、当たり前からはほど遠いものがある。その関係付けがより視覚的である 2 次元に特化して、これを紹介しよう。既に見たように、この特別な場合には、この予想はもはや予想ではなくなった——1971 年に数学者ロイ・デイヴィスが実際に、平面上のベシコヴィッチの図形のフラクタル次元は最大、つまり 2 であることを示している[74]。しかしながら、ここで紹介するアイディアは、高次元で問題になっている場合にも成り立つものである。

　すべてはベシコヴィッチの図形、つまり、ありとあらゆる方向の針を含む領域から始まる。前述と同様に、本書での領域の視覚化は、忠実な再現には至らないにしても説明するためのものであり、たとえ不完全であったとしても、このような視覚化は、理由付けを後押しするためには必要不可欠なものである。ブルガンの議論の展開の最初のステップは、まさにベシコヴィッチの図形をより簡単に取り扱えるように、ある形態で表現することであった。それは、2 つの直感的な所見から始めるのである。最初の所見では、その次元を決定するために、その図形の一部分だけ観ればよい。私たちの場合、針がかなり鉛直方向に向いている部分を維持するように選ぶ。これは大凡、図の半分くらいの部分、つまり、次の図に示すように、樹の中心部分に制限するのである。

---

[74] 訳注：Roy O. Davies, *Some remarks on the Kakeya problem*, Proc. Camb. Phil. Soc. **69** (1971), 417–421.

 2番目の所見では、図の拡大縮小によって、次元は変わらないということがわかる。したがって、その次元を変えることなく、拡大したり縮小したりすることができるのである。上中央の図のように、2つの水平方向の直線で区切られた帯が与えられたとすると、図形を拡大して、すべての針がこの帯を突き抜けるようにすることができる。これは、既に針が鉛直方向を向いている部分を選ぶように気を付けたため、上図の右側で示したように実現可能である。次元を調べている図形の部分を、新たに水平な帯で覆われている部分に縮める。この縮小過程は、図形の次元には影響しない。

 この最後の図を構成する無限にある針のうち、その角度が等間隔になるように、いくつかを選ぶ。これは、もしそれらの針を1つの円盤上に移したとすると、選ばれた針は、扇形の中で等間隔に散らばることを意味する。上の図の左で、7つの針の方向角度は、1つの円盤の中で示され、それから針そのものをベシコヴィッチの図形の内部に移している。最後に、他のすべての針を取り払い、残った針を水平方向の帯と重なった部分に制限し、帯の両端を結ぶ7つの針のみを得るようにしている。
 次のステップでは、次の図の通り、各線分に《厚みを付け》て長方形にし、その幅が扇型上の針の両端が描く間隔と対応するようにする。

　こうやってできた長方形の集合の意義の 1 つは、考えている帯の内部で、ベシコヴィッチの図形を近似していることである。このことは、上図からすると意外に思えるかもしれないが、それは私たちが選んだ針の数が相当少ないからというだけのことである。この線分の数を少しずつ増やしていくと、針の間隔はますます狭まり、こうしてできる右側の図形はますますベシコィッチの図形に近付いていくのである。

　私たちの目標は、ベシコヴィッチの集合の次元を決めることであることを思い出しておこう。フラクタル次元の決定は、数学的に微妙な操作ではあるが、その根拠である基本原理はわかりやすい。平面図形については、この原理は一連の面積の計算に基づいている。アイディアとしては、その次元を知りたいと思っているオブジェを拡大し、それから、各ステップの面積を計算しながらこの厚みを減らしていくのである。この面積を減らす割合が、大凡のところ、もとのオブジェの次元なのである。より速く面積が減少したとすると、次元はより小さいといえる。

　次の図は、ある点または線分の平面上での厚みを表しており、この幅を 2 で割るごとに、その面積は、点の場合 4 で割られ、線分の場合 2 で割られていることがわかる。この面積は、点の場合の方が、線分の場合よりもより速く減少している。曲線の次元は 1 であり、それは点の次元である 0 よりも大きい。数学者はこの事実を活用し、面積の減少速度を測りながら、その次元を正確に

計算する公式を持っている。もちろん、これらの公式は点や直線のように単純なオブジェには必要ないが、より複雑な図形には、この公式は避けられないものとなっている。特に、同じオブジェが無限に繰り返され、平面のあるゾーンの中で集積しているようなものからなる図形についてはそうである。たとえば、以下の図では、点と円が堆積することによって、次元を増やしかねないより密集した濃密な部分が現れている。よって、次元を決めるためには、次元の厳密な計算をすることが必要不可欠である。そのような計算を行うと、この密集した濃密なゾーンは次元を増やさず、左の図ではその次元は 0 であり、右の図の円では 1 となっている。

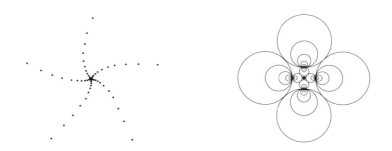

　私たちは、ベシコヴィッチの集合の次元が《大きい》ことを示したいので、この厚みの面積は、あまり速くは減少しない、つまり簡単に言うと、小さすぎないことを示さなければならないのである。
　したがって問題は、(145 ページの下の図で) 黄色で示された水平方向の直線で区切られた帯の内部にある、青色で示されたベシコヴィッチの図形の一連の厚みの面積の評価に移ったのである。数学の勉強をすると、この面積は、幅を持った針とこの 2 直線の交わり部分の長さと関係していることがわかる。この長さは、この「交わり部分」に規則的に配置されている点の数を数えること

で判定できる。次の図 (148 ページを見よ) で、上部で 6 点数え、下部では 4 点だけ数える。この差は長方形の交差による。上部の点のなす集合を $\mathscr{A}$ と呼び、下部の点のなす集合を $\mathscr{B}$ と呼ぶことにする。共にベシコヴィッチの集合に、より細い長方形、つまりより多くの長方形で近似する。集合 $\mathscr{A}$ と $\mathscr{B}$ は、ますます多くの点を含むことになるが、それはその複数の長方形自身の交わりにより、それらの長方形の含む点の個数より常に少なめである。そして、すべての問題は、集合 $\mathscr{A}$ と $\mathscr{B}$ の増え方を調べることにある。より速く増大していれば、その次元はより大きい。

フラクタル次元

フラクタル次元という用語は、次元の概念の複数の異なる方法による一般化を内包している。そのうちの 1 つで、**ハウスドルフ次元**の名を冠するものは、この章の核心に迫るものである。ここで、その大まかなアイディアを与えよう。

出発点としては、その次元を定めたいオブジェを、大きさをコントロールできるオブジェ、たとえば (平面上ならば) 円盤であり (空間上ならば) 球体で覆うことである。上の図では、1 つの線分が右に進むごとに、その半径が 2 で割られている円盤で覆われている——まずは $\frac{1}{2}$、次に $\frac{1}{4}$、そして最後に $\frac{1}{8}$ である。結果として、線分を覆うために必要な円盤の数は増え、それは順に 1 つ、次に 2 つ、そして 4 つとなっている。このプロセスを続けると、半径の大きさは 0 に近付き、必要な円盤の個数は無限に近付く。ここで大事なことは、半径 r とその円盤の個数 $N(r)$ の積は、安定している (つまり r に依らない) ということである:

$$N(r) \times r = 1 \times \frac{1}{2} = 2 \times \frac{1}{4} = 4 \times \frac{1}{8} = \cdots = \frac{1}{2}$$

この安定性の理由は明らかである。半径が r の円盤は線分の長さ $2r$ の部分を覆うので、線分を覆うのに必要な円盤の数は $2r$ に反比例するのである。もし、同様のプロセスを 1 辺の長さが 1 の正方形に対して適用すると、この正方形を覆うのに、

> 必要な円盤の個数を見積もると、円盤の半径を r とすると $\frac{1}{\pi r^2}$ 程度である。というのは、半径が r の円盤が覆える領域の面積が πr^2 だからである。しかし、積
>
> $$N(r) \times r^2$$
>
> は、もちろん定数にはならないが、r が大きくなるにつれ、その値はそれほど変わらない。言い換えると、r を 0 に近付けた時の極限は存在し、その値は 0 でない有限の値になる。線分や円盤より複雑な幾何学的なオブジェの場合——たとえばベシコヴィッチの図形——同様の方法で計算するのだが、数 $N(r)$ は r や r^2 と反比例するわけではない。一般にあるオブジェの**ハウスドルフ次元**が d、ただし d はある 0 と 2 の間の数であるとは、積
>
> $$N(r) \times r^d$$
>
> が、r を減少させながら 0 に近付けた時に、その 0 でない極限値が存在することを言う。しかしながら、このような方法では計算できないオブジェも存在し、それがために、実際には前述で行ったアプローチを修正し、ハウスドルフ次元を厳密に定義しなければならないが、ここではそれは行わない。

実際、両者の増大度は同等であることがわかり、説明を簡単にするために、長方形の数が多い時、これらの 2 つの集合は同じ個数の元を含むと仮定する。

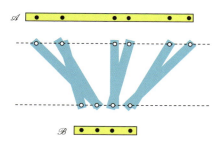

$\mathscr{A}$ や $\mathscr{B}$ ではなく、この帯の内部の中央にある直線を考えてみよう。次に表現されている集合 $\mathscr{C}$ を定義すると、数学的な《組み合わせ》と呼ばれる現象が起こり、集合 $\mathscr{A}, \mathscr{B}$ と $\mathscr{C}$ の元の個数そして針の本数の間に、ある関係式が成り立つ。この関係は集合 $\mathscr{A}$ と $\mathscr{B}$ にある程度の増大速度に関する条件を

課している.この条件こそが,そのフラクタル次元が小さすぎないことを証明するために,示されるべきことであった.この関係の1つの鍵は,集合 $\mathscr{C}$ は集合 $\mathscr{A}$ と $\mathscr{B}$ に依存して決まるものであるということである.以下の図のように,集合 $\mathscr{A}$ の元と $\mathscr{B}$ の元の平均を取ることにより,集合 $\mathscr{C}$ を再構成できるのである.たとえば,左端にある針を見ると,A での点は,その水平方向の場所がわかれば与えられ,その元となる点は 2 単位分異なる.針の点 B においては,6 単位分なので,点 C は点 A と B の間の 2 点であって,4 つの単位で表現され,4 という数字は,2 と 6 の間の半分の距離である.同じように,$\mathscr{C}$ の各元は,$\mathscr{A}$ と $\mathscr{B}$ の各元の平均として実現される.

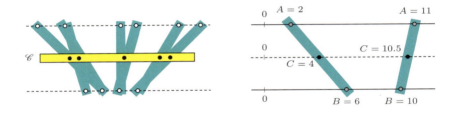

本当は,集合 $\mathscr{A}$ と $\mathscr{B}$ の増大速度を,それが最大であることを期待しながら評価したかったのにもかかわらず,なぜ集合 $\mathscr{C}$ のようなものを導入したのだろうか? 数学の問題を解決する際にしばしば有益な考え方は,期待される結論の逆を仮定し,その問題について,この仮定と矛盾することがわかるまで調べるというものである.ここでは,集合 $\mathscr{A}$ と $\mathscr{B}$ の増大速度が遅いと仮定すると,集合 $\mathscr{C}$ についての考察から矛盾が生じるのである.が,その矛盾に至る論理の道筋は,その証明の最も微妙な部分の1つであり,集合 $\mathscr{A}, \mathscr{B}$ そして $\mathscr{C}$ の元の個数と,針の本数の間の関係を与える数学の定理に基礎を置いている.各ステップを踏むごとに,集合 $\mathscr{A}, \mathscr{B}$ そして $\mathscr{C}$ の元の個数は同等になっていき,更に,針の本数は増え続ける一方であることから,上の関係式より,この3つの集合の増大速度が遅くなることはない.

現実には,長方形の厚みの面積がどのように発展するかを知るだけでは,あるオブジェのフラクタル次元を計算するのに十分ではない.実際,そのオブジェに規則的な厚みを持たせたものだけではなく,ばらばらのサイズの円盤で

得られる面積についても知る必要がある。上図は、異なる厚みの付け方によって、単純な曲線を覆っているものである。これらの円盤が曲線の周辺を引き締める時、各円の半径の縮み具合を調べることによって、よく知られた公式を基に曲線のフラクタル次元を導くのである。上図では、この次元は 1 となるが、他のオブジェの場合、いろいろな複雑な数値を取り得る。前章で、その次元が $1.12915\cdots$ となるゴスパーの島や、次元が $1.72367\cdots$ となる空っぽの三角形のように、いくつかの曲線と出会っている。掛谷の問題にとって、あらゆるサイズの円盤を組み立てることを考察するのは、もとの図形に厚みを付ける方法に無限の可能性を与えるため、付加的な困難を生じている。それにもかかわらず、数学者は、この無限の多様性によって生じる数えきれない困難を克服するのに成功し、規則的な厚みの付け方に非常に似た状況に至ったのである。この新たな状況下では、あらゆるサイズの円盤による厚みの付け方を考えるのではなく、ある範囲内のサイズのものだけを考えればよいのである。そして、この円盤の集合を、以下の図に示すように針を長方形で厚みを付けたものの上に重ねるのである。

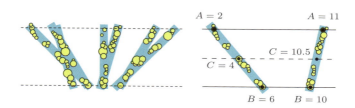

よって、従うべき行程は、長方形の場合と同じである——計算するべき面積は、長方形の中で円盤によって覆われている部分 (図の黄色の部分) である。前述と同様に、理由付けの鍵は、集合 $\mathscr{A}, \mathscr{B}$ そして $\mathscr{C}$ という、黄色の部分と

3 つの水平方向との交わりから定まる集合を調べることによる。しかし、集合 $\mathscr{A}, \mathscr{B}$ と $\mathscr{C}$ の領域が離れているため、針の両端と中心部分がそれぞれの集合に属している保証は何もないのである。たとえば、前図の右側では、2 つ目の針の中心は黄色で色付けられているゾーンには入っていない。それに、面積の評価をしたければ、両端と中心の領域を通る針の本数を知る必要がある。まさに、ここで等差数列が関わってくるのである。実際に、針の本数を数えることは、3 つの要素の等差数列を数えることになる。次の図では、2 つの等差数列が現れている：

$$2 \xrightarrow{+2} 4 \xrightarrow{+2} 6 \qquad 10 \xrightarrow{+0.5} 10.5 \xrightarrow{+0.5} 11$$

しかし、最初のものだけが、両端と中心の黄色のゾーンにある針の本数に対応しているのである。結局、すべての問題は、ある集合の等差数列 (黄色の部分) であって、針に厚みを付けた部分の内部にあるもの (水色の部分) の個数を見積もることに集約される。この集合は、長方形の内部の占有率を単に表現しているある密度を持っている。よって問題は、ある密度を持つ集合上の等差数列の問題に帰着したのである。

　掛谷の問題に端を発する数学の発展以上に、科学でしばしば見受けられる事実、つまり、この問題とこれらの集合の間の規則性に関する研究の間にある関係について、問題の解決は、時折予想外の回り道を経て行われるということを知ることができる。シェメレディによって調べられた素数の集合に見られる規則性は、最終的に掛谷の問題を相当進展させることになった。この発見は、数学は想像力を欠く練習問題に単純化しているのではなく、むしろ逆に、発見が重要な位置を占める、生きた科学であるということを示している。たとえば針の問題と素数の隠された関係を暴き出すことは、科学全体の課題を素晴らしい方法で表すものである。私たちは、掛谷の問題に関する等差数列との予想外の関係だけで驚いていてはいけない。なぜならば、ジャン・ブルガンによって、この問題と数学上のより有名な謎である、神秘的なリーマン (Riemann) 予想の間にあるより魅力的な関係が発見されたからである。数学者が 150 年に亘って解明しようと挑戦してきたこの予想は、もしその解決に至ることができれば、素数の分布に関して遥かによい視界を与えてくれるのである。

数学の最も深い問題と掛谷の問題の予想外のつながりは、数学者が絶えず掛谷の問題に興味を持ち続けている源となっている。果たして誰が、この単純な問題の、このような運命を想像できただろうか？　この他愛もない単純な針に関する問題が、科学の最先端の知識に触れる探求の出発点になるということが、数学の最も魅力的な側面の 1 つなのである。

Portrait du Dr. Soichi Kakeya
附録：掛谷宗一博士の人物像

掛谷宗一の肖像画 [福山誠之館同窓会蔵]

　掛谷宗一は、1886年1月18日、広島県深安郡坪井村(現在の福山市坪井町)に生まれた。中学卒業後に非常に若くして親元を離れ、東京に移住。優秀な成績を収め、1909年には、東京帝国大学(現在の東京大学)数学科を卒業。その後、同大学にて1年間教鞭を取った後、1912年には東北帝国大学助教授として異動。1922年から20余年に亘って学術研究会議会員となり、1946年には会長を務めるなどして、我が国の学術進展に多大の貢献をした。更に東京文理科大学教授を経て、1934年に帝国学士院会員に選出され、翌1935年に東京帝国大学理学部教授となる。1928年に帝国学士院恩賜賞、1941年には勲二等瑞宝章を授与された。更に、1944年9月からは東京帝国大学理学部長を務める傍ら、統計数理研究所の初代所長も務め、統計数理研究所の創設期の基礎づくりにも貢献した。1947年1月9日に肺炎にて死去、享年満60歳(数え62歳)であった。なお、彼の墓所は、広島県福山市坪生町にある高野山真言宗水無瀬山西楽寺にある。

❖ 掛谷の数学

　1916 年 11 月 23 日、藤原松三郎は東北帝国大学の食堂で、同僚に彼の作った模型を見せていた——そこには、正三角形の内部にアーモンドの形をした「二角形」とも呼ばれることのあるものが置かれていた[75]。この二角形の形をしたものは正三角形の内部を 1 回転できるくらい自由に動くものであり、その場に居合わせた同僚を驚かせた。

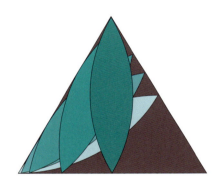

　数学者でもあった北条時敬総長は藤原に次のような疑問を投げかけた：

　　正三角形は、この二角形を完全に 1 回転できる図形の中で、その面積が最小となるものなのだろうか？

掛谷はそれを隣で聞いていて、その問題に早速興味を持った。彼はその日のうちにこの問題に取り掛かり、次のような一般化された問題を考えるに至った：

　　与えられた平面図形に対し、それを内部で完全に 1 回転できるような図形のうち、その面積が最小となるものは何か？

この問題を考察するため、まずは針を 1 回転できるものを考え、ルーローの三角形がそのようなもののうち、面積が最小のものではないかと思ったのだ

---

[75] 訳注：以下の図は、いわゆる「藤原の内転形」と呼ばれるものを描いているが、藤原の作った模型が本当にこの形をしていたかどうかは、掛谷のノートからは判断できない。

が、彼は間違っていた。同僚の藤原や窪田忠彦は、正三角形やデルトイドはいずれもその内部で針を完全に 1 回転させることができ、しかもその面積はルーローの三角形よりも小さいことを指摘したのだ。藤原は更にこの問題の答えは、

　　図形が凸形のものに限れば、正三角形がその面積が最小のものであろう

と予想した。この予想は、1921 年にユリウス・パルによって正しいことが証明された。しかし、凸形とは限らない場合の問題は難しく、しばらく解けなかった。北アメリカの当時の偉大な数学者の 1 人であるジョージ・バーコフ (George Bernard Birkhoff) は「四色問題の次に魅力的な数学の問題」と形容した。この問題は 1928 年にアブラム・ベシコヴィッチによって解かれた。その際に、彼自身が 1919 年に得た結果が掛谷の問題を解決する鍵であったことを認識していた。しかし、歴史はここで留まってはいなかった。掛谷の問題はフラクタル次元の言葉で定式化し直され、その問題は 2019 年 5 月現在、未解決のままなのだ。この問題は掛谷予想と呼ばれている。掛谷自身がこのように定式化したわけではないが、彼に敬意を表し、掛谷の名前を冠していることは言うまでもないことである。

掛谷氏 1913 年 (27 歳) [写真提供：東北大学]

掛谷宗一は彼の名を冠した予想でのみ知られているわけではなく、その他にも後々まで知られている注目に値する 2 つの結果がある。1 つ目は、今日でも話題になっている、多項式の零点の位置という豊かなテーマである。多項式とは、未知数 x の 2 乗 x^2 や 3 乗またはもっと大きな x^4, x^5 などのべき乗を組み合わせたもので、たとえば

$$P(x) = x^3 + 2x^2 - x - 2$$

は、その一例である。多項式は数学の基礎的な対象であり、中心的な問題の 1 つはその根に関するものである。ここで、多項式の根とは、ある数字 a であってその多項式の表示の中で x を a に置き換えて計算した結果が 0 になるようなもののことである。私たちの例では、 1 は多項式 P の根である。なぜならば、

$$1^3 + 2 \times 1^2 - 1 - 2 = 0$$

となっているからである。これだけではなく、-1 や -2 も根になっていることは確認できる。この例では、根の形は非常に単純なものになっているが、一般的にはすべての根を求めることは簡単な作業ではない。事実、多項式の根をすべて求めることは、一般的に成り立つ公式が存在しないため、特別な場合を除き非常に難しいのである。その反面、その非常によい近似値を求める方法はある。しかも、その方法はコンピューター上でプログラムを組み、小数点以下十数桁 (またはそれ以上) の精度で正確に根を計算することは可能である。しかし、これらの方法は、根の大凡の位置を予め知っておく必要がある、つまり、考察対象の多項式がどの辺りに根を持っているかを知る必要があるのである。私たちの例では、3 つの根 $1, -1$ と -2 は、-10 と 10 の間にある、という具合であって、2 と 200 の間にあるのではない。もちろん、問題となる多項式の根がどこにあるか最初からわかっている場合は、このようなことは簡単にできるが、本当に難しいのはその順序を逆転させること——根がどこにあるのか正確にわからない状態で、その根の大体の位置を述べることである。掛谷が解いたのはこの問題である。これは 1912 年の出来事であるが、掛谷が得た方法は、その単純明快さによって、後世にまで伝わっている。その結果は、

附録：掛谷宗一博士の人物像 | 157

帝国学士院会館 (1926 年)

掛谷氏
[写真提供：どちらも日本学士院]

本書で仮定されている知識の程度を超えるのでここでは紹介しないが、今後の発展にも影響を及ぼし続けるであろう。この結果は現在エネストゥレム–掛谷の定理と呼ばれている。なぜギュスタフ・ヒャルマール・エネストゥレム (Gustav Hjalmar Eneström) の名前があるのか？ 彼はスウェーデン人数学者で、掛谷より 19 年早く、1893 年に同じ結果を得ていたのであるが、当時そのことは知られていなかったようである。

　掛谷自身も同様の不幸な経験をしている。重要な結果の発見にもかかわらず、十分に知れ渡っておらず、他の数学者がそのことを再発見するまで数学界からないがしろにされていたのである。これはシンプレックス法と呼ばれ、不等式で定められる領域上の函数の最小値を計算する一連の操作のことである。このアルゴリズムは著しい成功を収め、情報科学で大いに用いられている。この方法には、数学者ジョージ・ベルナール・ダンツィッヒ (George Bernard Dantzig) が 1946 年から 1947 年にかけて開発したことにより、その名前が付けられているが、ある日本人数学者によると掛谷はダンツィッヒよりも前に、このアルゴリズムを発見していたようである。掛谷が 1913 年から翌 1914 年にかけて出版した、積分方程式に関する研究にはこの方法が用いられており、この結果により掛谷は 1928 年に日本帝国学士院恩賜賞を授かっている。掛谷がどのようにしてこの方法を発見したかは知る由もない。もちろん、掛

谷の残した複数のノートのどこかにそのことが書かれてあったようだが、残念ながら、それは戦災により焼失してしまったようである。以下に、数学者河田龍夫（かわたたつお）の記事「私の先生方の思い出」の一部を紹介する[76]。

それによると、軍の威信をかけて 1944 年に開設された統計数理研究所の草案を作るため、河田は掛谷の (当時高田馬場にあった) 自宅に通い、掛谷と共に構想を練り文部省に出す文書を作成した。その時の思い出話の 1 つとして、掛谷が配給制度について語った。すなわち、人によって物の価値が異なる。たとえば、無類の酒好きの掛谷にとって、酒の価値は大きいが砂糖の価値はそれほどでもない、という具合である。東京都全体で配給すべき、酒、砂糖、味噌、煙草 ⋯ の量が定まっている。各人の価値を適当に仮定して、全員の総価値を最大にするには、どう配分するべきか？ という話をしたようである。掛谷は、この問題から線形計画の問題を定式化し、凸体の方法で解いたようである。この線形計画法の解法は、後に言うところのシンプレックス法であったと河田は述懐している。

掛谷氏 [写真提供：日本学士院]

---

[76] 脚注：佐々木重夫著、『東北大学数学教室の歴史』、東北大学数学教室同窓会、1984 年。

シンプレックス法

 シンプレックス法を用いて解ける典型的な例を 1 つ取り上げよう。1 キロの砂糖と 2 キロの味噌があり、これを太郎さんと花子さんの 2 人に最適に分配することを考える。最も単純に、それぞれを均等に分ければよいのであろうが、これは最適な方法とは限らない。太郎さんと花子さんの好みが全く同じとは限らないからである。どちらか一方は味噌をより多く、他方は砂糖をより多く欲しいと思っているかもしれないのである。そのようなわけで、よりよい方法で砂糖と味噌を分配するために、2 人にどれくらいの割合で、砂糖と味噌を欲しいか、合計が 10 点となるように、点数を書いてもらった結果、次の表を得たとしよう：

	砂糖	味噌
花子	3	7
太郎	6	4

s_H と m_H をそれぞれ花子さんが受け取る砂糖と味噌の量を表すものとし、同様に、s_T と m_T をそれぞれ太郎さんが受け取る砂糖と味噌の量を表すものとする。上の表から、花子さんと太郎さんが受け取る砂糖と味噌の量に応じて決まる満足度を次の 2 つの式で表すことができる：

$$3s_H + 7m_H (花子さんの満足度)$$

と

$$6s_T + 4m_T (太郎さんの満足度).$$

たとえば、0.9 キロの砂糖と 0.1 キロの味噌を花子さんに与えるとすると、花子さんの好みを考えているとは言えず、彼女の満足度は低い。

$$3s_H + 7m_H = 3 \times 0.9 + 7 \times 0.1 = 3.4.$$

逆に、砂糖を 0.1 キロで味噌を 0.9 キロにすると、花子さんの好みとより合っており、彼女の満足度はより高い：

$$3s_H + 7m_H = 3 \times 0.1 + 7 \times 0.9 = 6.6.$$

太郎さんの満足度も考えないといけないので、この分配の問題に答えるための 1 つの方法は、2 人の満足度の和、つまり関数

$$f = 3s_H + 7m_H + 6s_T + 4m_T,$$

の最大値を求めることである。函数 f は、この問題の未知数の組み合わせからなり、数学者は線形函数と呼んでいる。函数 f の 4 つの未知数のうち、少なくとも 1 つが大きな値を取れば、f の値はいくらでも大きくなる。しかし正確には、砂糖と味噌の量には限度があるので、これらの未知数の値は 1 または 2 を超えることはできない。ゆえに、この 4 つの未知数の値を、満足度が最大になるように決めることは、そんなに単純なことではない‥‥。それに新たな条件を課すことにより、複雑になるかもしれないのである。たとえば栄養バランスの問題から、味噌の量は砂糖の量の倍であり、砂糖の量の 2 倍の量と味噌の量の差は 500 グラムを超えてはいけないという条件を考えると次のようになる。

$$-0.5 \leq 2s_H - m_H \leq 0.5 \quad \text{そして} \quad -0.5 \leq 2s_T - m_T \leq 0.5$$

公平性を保つために、分配するものの価格がある範囲内に収まることを課すこともできる。話を簡単にするために、1 キロの砂糖と 1 キロの味噌の価格が同じで共に 100 円であるとする。この時、1 キロの砂糖と 2 キロの味噌の価格は 300 円になる。そこで、2 人に分配したものの価格が平均価格の 150 円から誤差 50 円に収まるようにしよう：

$$100 \leq 100s_H + 100m_H \leq 200 \quad \text{そして} \quad 100 \leq 100s_T + 100m_T \leq 200.$$

もちろん、このように新たな不等式を導入することにより、最大値を求める問題はより難しくなる。これに更に他の人や物を加え、話を複雑にすることは可能である。いずれにせよ、このようにして得られる問題は、すべて同じ種類の**線形計画法**と呼ばれる問題で、その解法にはいわゆるシンプレックス法が用いられる。このアルゴリズムは複雑であり、ここでは述べない。私たちの問題の解を与えることで満足しておこう：花子さんには 0.5 キロの砂糖と 1.5 キロの味噌を、太郎さんにはその残りを与えるのがよい。

❖ 2 つのエピソード

　数学者矢野健太郎が掛谷の針の問題について、ある日掛谷に「先生はどこからこんな面白い問題を考え付かれたのですか？」と尋ねたところ、「矢野君は、昔の武士は、いつなんどき敵が攻めてきてもよいように、という心構えをもっていたことを知っているだろう。だからハバカリ（トイレ）へ入る時も槍をもって入ったんだよ。その時敵が攻めてきたら、狭い場所で槍をふり回すこ

附録：掛谷宗一博士の人物像 | 161

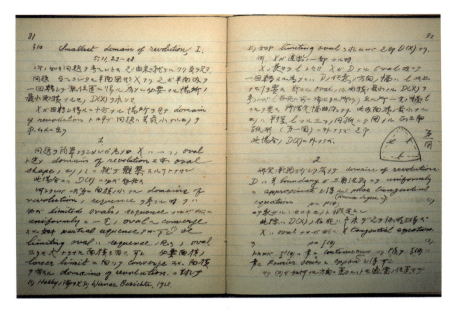

針の問題を 2 ページにわたって説明する掛谷のノートの一部 (1917 年)。彼のノートから、「総長問題」の難しさを少しずつ認識していることが窺え、問題を単純化し針を考えるに至ったことがわかる。藤原松三郎や窪田忠彦との議論そして提案の内容も同様に記されている。[所蔵：統計数理研究所]

とになるだろう。この問題はそれから思いついたのさ」と冗談を返したと述べている[77]。真相は、前述した通りであるが、この話は彼のユーモアに満ちた性格をよく表している。

　前述の河田の記事によると、掛谷の自宅の書斎の壁には彼自身が描いた漫画が飾ってあったらしく、それが印象的であったと述べている。

---

77)脚注：矢野健太郎著、『数学の散歩道』、新潮社、1972 年。

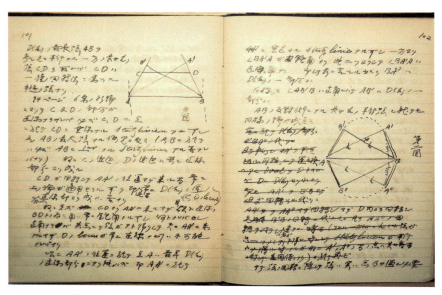

掛谷の針の問題に関する研究ノートの中から典型的な 2 ページを選んだ。[所蔵：統計数理研究所]

訳者あとがき

　本書の翻訳の依頼があり、承諾させていただくまでの経緯を思い出すと、実に様々な偶然が重なり、何か不思議な力に動かされているように感じることさえあった。簡単な作業にはならないだろうと覚悟はしていたが、実際翻訳にあたり、教育システムの違いや文化や表現の違いを乗り越えてわかりやすく日本語で書き記していくには大変な労力を要した。しかし結果的に、フランスで重要な賞をとった本書を訳し終え、日本の読者に紹介できることはこの上ない喜びであり、そしてこのような貴重な機会を得ることができ、大変光栄なことと心から感謝している。

　本書が学生のみならず、数学に興味を持ちながらも学ぶ機会を逸してしまった人達、また数学ファンの人達にとって、新しい手法を用いて、微積分を興味深い異なる視点で紹介できるものとなるよう、そして今日危惧されている理数離れに歯止めをかける一助となることを願ってやまない。

　最後に、翻訳にあたり常に力添えをいただいた石塚雅彦氏、原秋子氏に、そして編集にあたり多くの助言を下さった日本評論社の大賀雅美氏に心からの感謝を申し上げたい。

2019年3月22日　　パリにて
訳者を代表して　　庵原優子

参考文献

❖ 掛谷の針の問題に関連するウェブサイト

原著からの引用:

(1) El Jj, *L'aiguille de Kakeya*——Choux Romanesco, vache qui rit et intégrales curvilignes,
http://eljjdx.canalblog.com/archives/2011/01/23/20181660.html

(2) ウィキペディア, *Problème de l'aiguille de Kakeya*,
https://fr.wikipedia.org/wiki/Problème_de_l\%27aiguille_de_Kakeya

日本語では、新井仁之氏による解説サイトがアニメーションもありオススメ:
http://www.araiweb.matrix.jp/semi208/semi208.html

❖ 各章ごとの参考情報[78]

第 1 章　S. Cantat, *Le triangle de Reuleaux*,
http://images.math.cnrs.fr/Le-triangle-de-Reuleaux.html

第 2 章　Math Pages, *Archimedes on Spheres and Cylinders*,
http://www.mathpages.com/home/kmath343/kmath343.htm

---

[78] 訳注: 以下の第 1, 3, 4, 7 章で参照されているウェブサイトは、フランス国立科学研究センター (CNRS) 運営のサイト『Images des Mathématiques』(https://images.math.cnrs.fr/?lang=fr) にあるもので、ここには、その他多くの一般向けに書かれた興味深い記事がある。

第 3 章　J.-P Allouch, *Sommes de séries de nombres réels*,
http://images.math.cnrs.fr/Sommes-de-series-de-nombres-reels.html

第 4 章　B. Klockner, *L'inégalité isopérimétrique*,
http://images.math.cnrs.fr/L-inegalite-isoperimetrique.html

J. Hass et R. Schlafly, *Histoires de bulles et de doubles bulles*, La Recherche, numéro 303, novembre 1997.

第 5 章　B. B. Hubbard et J. Hubbard, *Loi et ordre dans l'Univers : le théorème KAM*, Dossier Pour la Science Le Chaos, janvier 1995.

第 6 章　V. Klee, S. Wagon, *Old and New Unsolved Problems in Plane Geometry and Number Theory*, The Mathematical Association of America, 1991.

第 7 章　J.-P. Kahane, *Le mouvement brownien et son histoire, réponses à quelques questions*,
http://images.math.cnrs.fr/Le-mouvement-brownien-et-son.html

第 8 章　J.-P. Delahaye, *Tao : l'éducation réussie d'un surdoué*, Pour la Science, numéro 390, avril 2010.

T. Gowers, *Ponts inattendus entre trois univers*, La Recherche Spécial Mathématiques, numéro 346, octobre 2001.

B. Rittaud, *Nombres premiers : suites sans fins*, La Recherche, numéro 409, juin 2007.

❖日本語の文献

新井仁之氏による 2 つの記事、

1. 「掛谷問題のはじまり」、『数学セミナー』、2002 年 8 月号、pp. 12–15。

2. 「掛谷問題とコロナ問題——日本発の二つの問題——」、『数理科学』、2000 年 12 月号、pp. 56–65。

そして掛谷予想について、もう少し詳しく測度論から解説しているものでは、

3. 新井仁之、『ルベーグ積分講義——ルベーグ積分と面積 0 の不思議な図形たち——』日本評論社、2003 年。

より専門的な話題であれば、日本数学会刊行の雑誌『数学』に掲載の論説記事

4. 田中 仁、「掛谷予想について」『数学』 2005 年 57 巻 3 号 225–241
   https://doi.org/10.11429/sugaku1947.57.225

を参照されたい。

❖附録に関連した論文

掛谷氏の論文で、本附録で述べた話と関連するもの。

5. *On the Limits of the Roots of an Algebraic Equation with Positive Coefficients*, Tôhoku Math. Jour., Ser. 1, **1** (1912-13), 140–142.

6. *Some problems on minima and maxima regarding ovals*, Tôhoku Science Reports, **6** (1917), 71–88.

7. *On some Integral Equations*, I, III, Tôhoku Math. Jour., Ser. 1 **4** (1914), 186–190, **8** (1915), 14–23, II, IV, V, Proc. Tokyo Math-Phys. Soc. Ser. 2 **8** (1915), 83–102, **8** (1916), 408–420, **9** (1917), 93–100.

文献 5 は、いわゆるエネストゥレム–掛谷の定理に関する掛谷による論文。文献 6 は掛谷の問題が世の中に出た初めての論文。7 は掛谷氏が帝国学士院恩賜賞を受賞する結果になった連立積分方程式に関する一連の論文。

次の論文は、エネストゥレム–掛谷の定理に関するエネストゥムの論文：

8. G. Eneström, *Härledning af en allmän formel för antalet pensionärer, som vid en godtyckltg tidpunkt förefinnas inom en sluten pension-skassa*, Öfv. af. Kungl. Vetenskaps-Akademiens Förhandlingen (Stockholm), No. **6** (1893), 405–415.

林鶴一教授 (当時の編集委員長) の勧めにより、本論文のいわゆるエネストゥレム–掛谷の定理に該当する部分のフランス語訳が、以下で発表された：

G. Eneström, *Remarque sur un théorème relatif aux racines de l'équation $a_n x^n + a_{n-1} x^{n-1} + \cdots + a_1 x + a_0 = 0$ où tous les coefficients a sont réels et positifs*, Tôhoku Math. Jour., Ser. 1, **18** (1920), 34–36.

人名索引

あ行

アインシュタイン (Albert Einstein) 12, 13, 117, 118, 124
アダマール (Jacques Hadamard) 134
アニェージ (Maria Gaetana Agnesi) 10
アポロニウス (Apollonius) 122, 124
アルキメデス (Archimedes) 30–32, 35, 37, 38, 42, 43
イアルバース (Hiarbas) 72
ヴィエートゥ (François Viète) 39
ヴォルテール (Voltaire) 9
エネストゥレム (Gustav Hjalmar Eneström) 157
オイラー (Leonhard Euler) 57, 58

か行

掛谷宗一 (かけや・そういち) 2, 8, 9, 12, 15, 27, 40, 61, 62, 69–71, 82–85, 93, 105–108, 113–115, 119, 124–133, 141–143, 150–157, 160, 161
カッツ (Nets Hawk Katz) 131, 134
カニングハム (Frederic Cunningham Jr.) 115
河田龍夫 (かわた・たつお) 158, 161
キケロ (Marcus Tullius Cicero) 31
窪田忠彦 (くぼた・ただひこ) 82, 155
グリーン (Ben Green) 137, 141
グリーン (George Green) 79
クリスティーナ (Kristina Alexandra) 24

クレイ (Clay) 82
グロモフ (Mikhaïl Gromov) 74
ゴスパー (Bill Gosper) 122, 150

さ行

佐々木重夫 (ささき・しげお) 158
シェーンベルク (Isaac Jacob Schoenberg) 115
シェメレディ (Endre Szémerédi) 138–141, 143, 151
シェルピンスキー (Wacław Sierpiński) 130
シャトゥレ (Émilie du Châtelet) 9
ストークス (George Gabriel Stokes) 61–64, 66, 67, 69, 70, 73, 74, 79, 81–83
スネル (Willebord Snell) 95

た行

ダーウィン (Charles Darwin) 2, 13
タオ (Terence Tao) 131, 134, 137, 141
タレマン・デ・レオー (Gédéon Tallémant des Réaux) 39
ダンツィッヒ (George Bernard Dantzig) 157
ディードー (Dido) 72, 73
デイヴィス (Roy O. Davies) 129, 143
テイラー (Richard Taylor) 133
デカルト (René Descartes) 8, 13, 23, 24, 27, 61, 95, 133

ドゥ・ラ・ヴァレー・プーサン (Charles-Jean de la Vallée Poussin) 134

な 行

ナヴィエ (Henri Navier) 81, 82
ニュートン (Isaac Newton) 2, 9, 12–15, 22, 24, 40, 60, 80, 93, 94
ノーベル (Alfred Nobel) 13, 117

は 行

バーコフ (George Bernard Birkhoff) 155
ハウスドルフ (Felix Hausdorff) 147
パスカル (Blaise Pascal) 8, 14, 39, 40
パストゥール (Louis Pasteur) 13
パル (Julius Pál) 114, 155
ピグマリオン (Pygmalion) 72
ピタゴラス (Pythagoras) 122, 124
ビュッフォン (Georges-Louis Leclerc de Buffon) 9
ヒルベルト (David Hilbert) 6
フィールズ (John Charles Fields) 13
ブーガンヴィル (Louis-Antoine de Bougainville) 10
フェルマー (Pierre de Fermat) 6, 8, 14, 60, 61, 133
フォントゥネル (Bernard le Bouyer de Fontenelle) 9, 11
藤原松三郎 (ふじわら・まつさぶろう) 82, 154, 155
ブラウン (Robert Brown) 117–119, 124, 129
ブルーム (Melvin Bloom) 115
ブルガン (Jean Bourgain) 134, 142, 143, 151

フロイト (Sigmund Freud) 13
ペアノ (Giuseppe Peano) 120
ベシコヴィッチ (Abram Besicovitch) 105–107, 109–115, 119, 124–130, 143–148, 155
ベシコヴィッチ (Abram Besicovitch) 107
ペラン (Jean Perrin) 118
ポアンカレ (Henri Poincaré) 6, 81, 94
北条時敬 (ほうじょう・ときゆき) 154

ま 行

マルケルス (Marcus Claudius Marcellus) 31
三浦公亮 (みうら・こうりょう) 103
メンガー (Karl Menger) 130
モントュクラ (Jean-Étienne Montucla) 31

や 行

矢野健太郎 (やの・けんたろう) 160
ユークリッド (Euclid) 37, 134

ら 行

ライプニッツ (Gottfried Leibniz) 9, 12–15, 22, 24, 40, 60, 61, 80
ラバ (Izabella Laba) 131, 134
ラ・パリース (La Palice) 18
ラプラス (Pierre Simone Laplace) 80, 93
リーマン (Bernhard Riemann) 79, 151
リンデマン (Carl Louis Ferdinand von Lindemann) 13
ルーロー (Franz Reuleaux) 3–5, 15, 16, 28, 40, 82, 154, 155
ルジャンドル (Adrien-Marie Legendre) 141

レヴィ (Paul Lévy) 124
ロピタル (Guillaume de l'Hospital) 10, 18, 61
ロベールヴァル (Gilles Personne de Roberval) 9, 40, 61
ロマン (Adrien Romain) 39

わ 行

ワイルズ (Andrew Wiles) 14, 61, 133
ワォリス (John Wallis) 60

原著者：
ヴァンソン・ボレリ
Vincent Borrelli
1968 年、パリ生まれ。
フランス・リヨン大学数学科助教授。
専門は、微分幾何学。

ジャン-リュック・リュリエール
Jean-Luc Rullière
1968 年、フランス・サン゠テティエンヌ生まれ。
ドイツ・ベルリン国際フランス学園数学教諭。

訳者：
庵原謙治
いおはら・けんじ
フランス・リヨン大学数学科教授。
専門は、数理物理・表現論・リー理論。

庵原優子
いおはら・ゆうこ
フランス在住。作家・翻訳家。

微積分のこころに触れる旅
びせきぶん　　　　　　　　　　　　ふ　　たび
掛谷の問題に導かれて
かけや　もんだい　みちび

2019 年 9 月 15 日　第 1 版第 1 刷発行

原著者	ヴァンソン・ボレリ
	ジャン-リュック・リュリエール
訳者	庵原謙治
	庵原優子
発行所	株式会社　日本評論社
	〒 170-8474 東京都豊島区南大塚 3-12-4
	電話　(03) 3987-8621 [販売]
	(03) 3987-8599 [編集]
印刷	藤原印刷株式会社
製本	株式会社難波製本
ブックデザイン	銀山宏子

Copyright © 2019 Kenji Iohara & Yuko Iohara.
Printed in Japan
ISBN 978-4-535-78896-1

JCOPY 〈(社) 出版者著作権管理機構　委託出版物〉
本書の無断複写は著作権法上での例外を除き禁じられています。複写される場合は、そのつど事前に、(社) 出版者著作権管理機構（電話：03-5244-5088, fax：FAX 03-5244-5089, e-mail：info@jcopy.or.jp）の許諾を得てください。
また、本書を代行業者等の第三者に依頼してスキャニング等の行為によりデジタル化することは、個人の家庭内の利用であっても、一切認められておりません。

ルベーグ積分講義

ルベーグ積分と面積0の不思議な図形たち

新井仁之[著]

面積とはなんだろうかという基本的な問いかけからはじめ、ルベーグ測度、ハウスドルフ次元を懇切丁寧に記述し、さらに掛谷問題を通して現代解析学の最先端の話題までをやさしく解説した。■本体**2,900**円+税 ■A5判

第1部　面積とはなにか
第1章 素朴な面積の理論／第2章 ルベーグの意味の面積／第3章 面積を測定できる図形とルベーグ測度／第4章 ルベーグ測度の代数的および幾何的性質／第5章 カラテオドリによるルベーグ可測性の特徴づけ／第6章 d次元ルベーグ測度

第2部　ルベーグ積分
第7章 ルベーグ可測関数／第8章 ルベーグ積分

第3部　ルベーグ積分の重要な定理
第9章 ルベーグの収束定理／第10章 ルベーグ積分とL^p空間／第11章 フビニの定理

第4部　ルベーグ測度0の不思議な図形とハウスドルフ次元
第12章 無視できない測度0の図形／第13章 不思議な測度0の図形／第14章 ハウスドルフ測度／第15章 ハウスドルフ次元／第16章 発展的なトピックス――掛谷予想とブルガン予想

プリンストン解析学講義 [全4巻]

エリアス・M.スタイン+ラミ・シャカルチ[著]

新井仁之+杉本 充+髙木啓行+千原浩之[編]

Ⅰ フーリエ解析入門 ■本体**4,200**円+税 ■A5判

Ⅱ 複素解析 ■本体**4,700**円+税 ■A5判

Ⅲ 実解析 測度論、積分、およびヒルベルト空間 ■本体**5,000**円+税 ■A5判

日本評論社
https://www.nippyo.co.jp/